MANUEL

ÉLÉMENTAIRE

D'AGRICULTURE.

Le dépôt exigé par la loi ayant été fait, tout contrefacteur sera poursuivi.

STENAY,

IMPRIMERIE DE RENAUDIN.

MANUEL

ÉLÉMENTAIRE

D'AGRICULTURE,

A L'USAGE

DES ÉCOLES PRIMAIRES DES DÉPARTEMENTS DE LA MEUSE,
DE LA MEURTHE, DE LA MOSELLE ET DES ARDENNES.

Par M. Louis Tossin fils,

Membre de la Société d'Agriculture des Ardennes.

OUVRAGE

COURONNÉ PAR LA SOCIÉTÉ ROYALE ET CENTRALE
D'AGRICULTURE,

EN 1838.

VOUZIERS,
CHEZ FLAMANT-ANSIAUX, LIBRAIRE.

TABLE DES CHAPITRES.

PREMIÈRE PARTIE.

Page.

CHAPITRE Ier De l'Agriculture, distinction des capitaux. 7

II Du travail, du sol, du sous sol. . . 14

III Des principales opérations de culture et des instruments qu'on y emploie 26

IV Des assolements. 44

V Des engrais et des amendements. 50

DEUXIÈME PARTIE.

CHAPITRE Ier Des cultures sarclées. 63

II Des prairies artificielles. 76

III Des céréales, des plantes à filasses . 90

IV Des prairies naturelles. 108

TROISIÈME PARTIE.

CHAPITRE Ier Des chevaux. . . . . - . . 121

II Des bêtes à cornes. 131

III Des bêtes à l'aine et des porcs . . . 143

IV De la comptabilite = Conclusion. . 156

FIN DE LA TABLE.

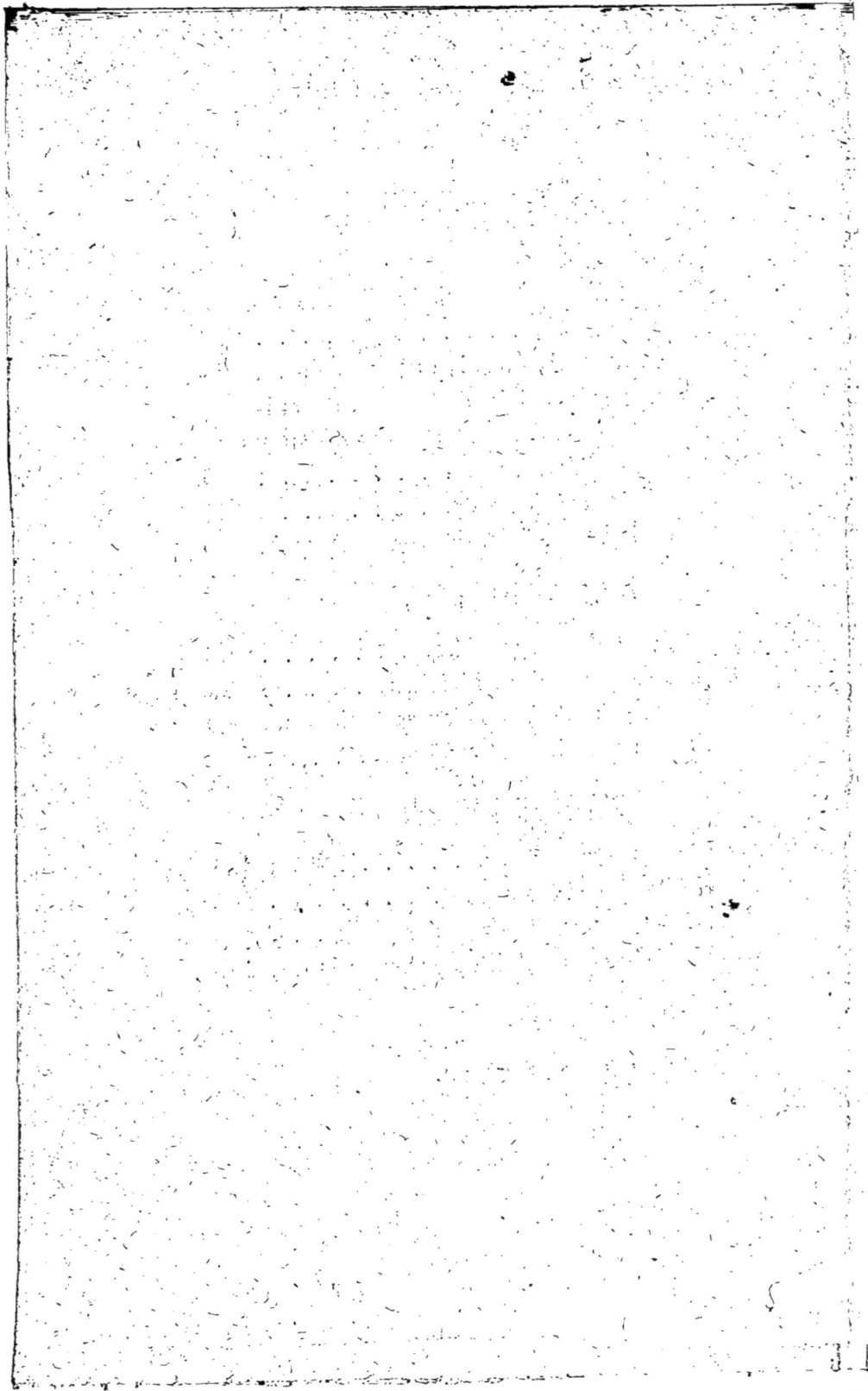

MANUEL ÉLÉMENTAIRE

D'AGRICULTURE.

Avant-propos.

Les départements de la Meuse, de la Meurthe, de la Moselle et des Ardennes forment la contrée pour laquelle ce petit ouvrage est principalement composé.

Quoique voisine de pays bien cultivés, l'agriculture, en général, y laisse beaucoup à désirer. Ainsi, les Ardennes voient avec indifférence le Belge industrieux donner d'excellents exemples de procédés agricoles. La Lorraine reste aussi fort en arrière de l'Alsace, tant sous le rapport des cultures qu'en ce qui se rattache à l'élevage du bétail. Non pas, du reste, que, dans la circonscription désignée ci-dessus, il ne se trouve certaines parties bien cultivées, notamment les environs des principales villes, ainsi que plusieurs propriétés particulières, lesquelles, sans parler de Roville si justement célèbre, pourraient servir de modèle à bien des égards.

Mais, à part quelques localités, toute cette région est soumise à la culture triennale, avec

1

un bétail plus ou moins faible et des instruments plus ou moins imparfaits. Cependant, le sol, en général, loin de s'y montrer ingrat, pourrait convenir à toutes les productions du nord de la France, même aux plus riches, s'il avait été long-temps soumis à un assolement dont le premier objet fût la culture améliorante des racines et fourrages, qui seule procure d'abondants engrais. C'est, en outre, par l'approfondissement du sol arable qu'il faut préluder à l'introduction de ce qui fait la richesse de nos voisins.

Vainement conseillerions-nous de tels changements à nos cultivateurs : ils ne comprendraient pas qu'en appliquant les engrais à de nouvelles sources d'engrais, on se met dans une voie d'amélioration qui augmente bientôt la production du blé lui-même, à laquelle aujourd'hui tendent uniquement leurs efforts.

Quant à présent, il y aurait déjà progrès, si ces mêmes agriculteurs étendaient la culture des luzernes et sainfoins ; s'ils plaçaient d'autres fourrages dans les jachères, avec mesure toutefois, et sans perdre de vue qu'avec le système triennal, la jachère a pour principal objet la destruction des mauvaises herbes enracinées par deux cultures consécutives de céréales

Il y aurait encore progrès si, sans adopter les charrues simples dont la supériorité, quoique très-réelle, est au moins douteuse aux yeux de nos gens de campagne; si, dis-je, ils perfectionnaient la leur, comme elle l'est déjà sûr quelques points de notre contrée, de manière à ne donner qu'un tirage modéré pour des labours ordinaires.

En procédant ainsi, nos cultivateurs entreraient dans une voie qui, avec le temps et la propagation des bons préceptes, les conduirait peu à peu à sentir d'eux-mêmes combien il serait utile de modifier leur assolement, pour mettre plus à l'aise les cultures sarclées et les prairies artificielles, sans pour cela négliger les céréales.

La vaine pâture, le morcellement des terres poussé à l'infini, l'antipathie pour les innovations, seront encore plus ou moins longtemps de graves obstacles.

Le premier semble devoir disparaître bientôt au moyen d'une loi.

Le second serait beaucoup moindre, si nos paysans, par des motifs d'intérêt mal entendu, n'exigeaient pas dans les successions le partage de tout ce qui peut être divisé; de telle sorte que, dans le cas où quatre personnes auraient à se partager quatre pièces de terre égales, chacun des ayant-droit préférerait avoir son quart dans chaque pièce, plutôt que d'accepter une de celles-ci tout entière; pour peu qu'il y eût doute sur la parfaite égalité de

valeur du sol, ou de commodité dans la situation.

On voit que, pour faire abandonner de tels
usages, il faut éclairer le cultivateur, et en
même temps affaiblir cet esprit de jalousie
qui altère trop souvent le bonheur des familles.
L'introduction dans les écoles d'un Manuel
d'Agriculture est sans contredit un excellent
remède à ce double mal.

J'en dis autant au sujet de la haine pour
les innovations, puisque le livre dont il s'agit
devra familiariser, dès l'enfance, nos futurs
agriculteurs avec les saines théories. Ce point
obtenu, les changements qui découleront des
théories ne paraîtront plus des nouveautés
étranges ; et, pour peu qu'essayés d'abord en
petit ils aient réussi, l'intérêt poussera à faire
le reste.

J'ai pensé que la forme du dialogue, pour
un manuel élémentaire, remplirait mieux que
toute autre l'objet qu'on se propose, en fixant
plus aisément l'attention des enfants, et en
amenant, par de faciles transitions, pour être
éclaircies ou réfutées, les objections qu'on
entend chaque jour. J'ai donc adopté pour
cadre l'entretien d'un père avec son fils.

Ce petit ouvrage contient trois parties : la
première traite des principes généraux de la
science agronomique, de la distinction des
capitaux, du travail, de son application à la

culture, des instruments au moyen desquels se fait cette application, du sol, des divers systèmes de culture, et des engrais. La seconde et la troisième partie ont pour objet l'étude des diverses productions végétales et animales qui forment les deux branches indispensables de toute exploitation rurale. Un examen sommaire sur la comptabilité termine le tout.

PREMIÈRE PARTIE.

CHAPITRE PREMIER.

ÉLOGE DE L'AGRICULTURE. — DISTINCTION DE CAPITAUX.

ADOLPHE. — Simon vient de m'apprendre, mon papa, les larmes aux yeux, que vous le renvoyez l'année prochaine. Je ne vous ai pourtant jamais entendu dire que du bien de ce brave fermier.

LE PÈRE. — Tu ne fais que me prévenir, mon fils, car je désirais t'entretenir des causes de ma détermination. Tu sais que le travail de bureau affaiblissant chaque jour ma santé, je me suis déterminé à quitter une place honorable et passablement lucrative. Mais après une vie occupée, je n'ai pu m'habituer à une oisiveté complète : si ma santé s'est rétablie, mon esprit languit dans l'inaction, et, pour en sortir, j'ai résolu de cultiver moi-même cette propriété.

ADOLPHE. — Ma surprise redouble, mon papa. Vous voulez cultiver vous-même votre propriété! mais c'est vous ravaler beaucoup, ce me semble. D'ailleurs, ne vous ai-je pas souvent entendu plaindre le sort du laboureur?

LE PÈRE. — Je veux cultiver mon bien : mais je n'entends ni me ravaler ni me mettre en désaccord avec ce que j'ai pu dire.

L'état de cultivateur, loin d'être humiliant, comme

tu le penses, est le plus noble de tous. Les autres ou dépendent de celui-là, ou bien prennent source dans les vices humains. Le commerce et les arts ne s'alimentent-ils pas presque exclusivement des produits de l'agriculture? Que deviendraient la médecine, la magistrature, l'art militaire, si l'homme n'était pas intempérant, injuste, ambitieux? L'agriculture, au contraire, serait toujours nécessaire pour lui procurer ses moyens d'existence. Toi qui viens de finir tes classes, n'as-tu pas vu dans tes auteurs, qu'aux beaux jours de Rome, on allait chercher aux champs les Régulus, les Cincinnatus, les Dentatus, pour en faire des consuls et des dictateurs? On s'honorait alors des travaux rustiques, bien loin d'en être humilié. Tu n'ignores pas non plus que, chaque année, l'empereur de Chine trace lui-même un sillon, pour rappeler à ses sujets l'importance et la noblesse de l'agriculture?

Si elle est plus noble que les autres par son origine, elle l'emporte encore sur eux, en poussant mieux qu'ils ne peuvent faire l'homme à la vertu et à la reconnaissance envers le créateur, dont il reçoit immédiatement les dons ; en lui procurant la vraie liberté ; enfin, en lui donnant les moyens d'être heureux.

Si j'ai plaint les gens de la campagne, c'est parce qu'étant à la source du bonheur et des vertus, ils ne s'en doutent ni n'en profitent. Combien de fois, mon fils, ne me suis-je pas dérobé au fracas des villes pour contempler en silence l'homme des champs! Il me semblait, en respirant l'air pur qu'il respire, en assistant quelquefois à ses travaux, participer un peu de la félicité que je lui supposais, hélas ! à tort : car le défaut de lumières et des passions étroites l'empêchent de bien juger sa position, ou de la rendre telle qu'elle devrait être, en mettant à profit les éléments de bonheur qui sont à sa portée.

ADOLPHE. — J'aperçois, mon papa, que j'ai pu me tromper. Mon erreur est venue de ce que j'attribuais à l'agriculture elle-même la grossièreté de ceux qui la pratiquent. Maintenant j'admets qu'elle est un état noble, et une source de jouissances, pour quiconque sait l'apprécier. Mais j'ajouterai qu'il en doit être tout autrement pour ceux qui ne peuvent s'y livrer avec succès; et, permettez-moi de vous le dire, mon papa, vous êtes dans ce cas. En effet, comment, à votre âge, apprendre tous les travaux auxquels je vois votre fermier constamment occupé? et, quand vous les apprendriez, comment vous y livrer vous-même? Vous allez me répondre que vous aurez des valets de ferme dont vous dirigerez le service. Je réplique que votre fermier, avec ses quatre enfants, suffit à peine à toute sa besogne, et qu'après vous avoir payé au bout de l'an, il lui reste peu de chose, car il ne s'enrichit pas, cela est visible. Si vous prenez des domestiques pour faire ce qu'il fait, en admettant que, sans expérience ni pratique, vous cultiviez aussi bien que lui, vous aurez d'abord à prélever de plus que lui sur vos produits le gage et l'entretien de vos domestiques. Ainsi, votre revenu sera diminué d'autant, sans parler de la peine que vous vous serez donnée de monter et de diriger vous-même une exploitation.

LE PÈRE. — Comment donc, Adolphe, tu raisonnes le mieux du monde. Malheureusement pour ton argumentation, elle repose sur des bases que je conteste; d'abord j'ai plus d'expérience que tu ne crois, attendu qu'ayant perdu, lors des bouleversements de 1814, la place que j'occupais en Allemagne, dans les pays réunis, et n'ayant été replacé qu'au bout de deux ans, j'ai employé tout ce temps à pratiquer l'agriculture en Belgique. En second lieu, tu supposes qu'il m'est impossible de tirer de ma terre un produit plus élevé que n'a fait mon fermier, et je crois justement le contraire. Mon fermier a appris de son père l'art de cultiver; il ne dévie presque jamais de la marché à lui tracée plutôt par la routine que par la raison. Quant à moi, tu le sais, mes fonctions m'ont fait souvent changer de résidence, et, des nombreuses observations que mon goût pour la campagne m'a porté à recueillir, est résultée pour moi la certitude que le système de culture de mon fermier, comme de toute la contrée, est fort arriéré : c'est-à-dire, qu'il produit peu auprès de ce qu'il devrait produire. D'un autre côté, je n'aperçois aucun obstacle sérieux à ce que j'atteigne ce mieux dont j'ai admiré ailleurs le résultat.

ADOLPHE. — Excusez mon ignorance. Je croyais qu'il n'y avait qu'une façon de cultiver. Cependant, en recueillant mes souvenirs, je me rappelle, en effet, d'avoir vu dans quelques-uns des pays que nous avons momentanément habités, des champs couverts de plantes inconnues ici.

Ce que vous me dites d'un autre genre de culture pique ma curiosité : je vous prie de la satisfaire en m'expliquant la différence qui existe entre la culture de ce pays et celle qui, selon vous, devrait la remplacer.

LE PÈRE. — Cette dernière, mon fils, est basée sur le raisonnement et sur les sciences naturelles, tandis que l'autre se fonde uniquement sur des vues d'intérêt momentané.

Tu ne saisis pas bien ma pensée, je le vois. Tu me comprendrais encore moins si je voulais entrer dans quelques détails. La science agricole est plus compliquée que tu ne penses. Si ses éléments peuvent t'offrir de l'intérêt, je crois être à même de te les enseigner au moyen de notions recueillies de longue main; mais ce ne peut être l'affaire d'une heure ou d'un jour. De plus, il faut de ta part une attention soutenue. Si tu me la promets, nous ferons des promenades agronomiques dans lesquelles, en te développant les bonnes méthodes de culture, je les comparerai à ce que tu vois dans cette contrée.

ADOLPHE. — Très-volontiers, mon papa, vous pouvez compter sur mon attention. Tout-à-l'heure j'ignorais qu'il existât une science agricole; maintenant je désire la connaître, et je me sens disposé à l'aimer, en jugeant qu'elle peut être utile à vous et au pays.

LE PÈRE. — Nul doute sur ce point; car elle tend à tirer du sol le plus grand produit net possible, ce qui est le véritable but de l'agriculture. Les moyens d'y arriver varient suivant la nature des localités, suivant leur climat, leurs relations commerciales, et d'autres circonstances accessoires que le cultivateur habile doit savoir apprécier pour modifier ses plans, tout en restant fidèle à certaines règles fondées sur les lois constantes de la nature.

Dans toute exploitation rurale, il existe deux capitaux : le capital du fonds, c'est le sol, le capital en circulation, c'est celui qui sert à exploiter le fonds. Souvent le premier est loué au propriétaire du second, moyennant une certaine redevance, et celui-ci devient ce qu'on appelle fermier. D'autres fois tous deux appartiennent au même propriétaire : c'est ce qui arrivera pour mon bien quand je le cultiverai moi-même.

La valeur du capital foncier varie suivant une foule de circonstances, dont la principale tient à la richesse et à la fertilité de la terre. Il est possible d'augmenter cette valeur ou de la diminuer. On l'augmente par une application d'engrais; on la diminue par une production forcée de grains. L'engrais et les grains font partie du capital en circulation. Ainsi tu vois que le capital foncier peut se changer en capital en circulation, *et vice versâ*. D'où il résulte que le propriétaire du capital en circulation, c'est-à-dire, le fermier, changera une partie du fonds qu'il loue pour un certain laps de temps, en valeur qui lui revient pour toujours, plutôt que d'enfouir son capital dans un champ dont un autre est possesseur. C'est ce qui arrive, en effet : un fermier épuise souvent et rarement améliore le champ qui lui est loué.

Le propriétaire, au contraire, verra sans regret une partie de son capital en circulation se changer en valeur foncière, attendu que l'un et l'autre lui appartiennent, et que, de plus, il retirera chaque année des améliorations produites par cette application de son capital circulant, un fort intérêt de ce capital ; tout en conservant à son fonds le surcroît de valeur provenant de cette application.

Les intérêts des fermiers à longs baux se rapprochent de ceux des propriétaires, parce qu'ils ont le temps de retirer, dans les dernières années du bail, le capital en circulation qu'ils auraient appliqué au fonds à leur arrivée, et dont ils auraient joui dans l'espace intermédiaire. Aussi, les longs baux, quoique rares dans nos contrées, sont-ils beaucoup plus avantageux que les autres, non-seulement au fermier, mais encore au propriétaire, qui est sûr, du moins, que sa terre ne sera pas épuisée pendant un laps de temps considérable, et qui peut attendre de son fermier les améliorations susceptibles de profiter à ce dernier comme à lui.

ADOLPHE. — Sans doute un fermier devant jouir vingt ou trente ans d'une propriété, s'en regarderait presque comme le maître, et ne craindrait pas de l'améliorer, puisque le premier bénéfice serait pour lui.

LE PÈRE. — Le capital en circulation se divise en plusieurs parties :

La caisse,

Les divers animaux que nourrit l'exploitation,

Les instruments aratoires,

Les semences confiées à la terre,

Le travail des hommes et des animaux, constituent autant de subdivisions du capital en circulation.

Ces divers capitaux se changent mutuellement les uns en les autres. Ainsi, du fourrage donné à un bœuf se change en viande, en travail, en engrais. La viande se convertit en argent. Le travail et l'engrais produisent des grains, et les grains de l'argent.

La moins value d'un instrument, au bout de l'année, est véritablement passée dans les produits pour lesquels l'instrument s'est usé.

C'est dans ces mutations continuelles du capital en circulation que doivent s'opérer les bénéfices. Plus les mutations sont promptes et répétées, plus les bénéfices sont nombreux.

ADOLPHE. — Mais, mon papa, comment reconnaitre dans toutes les circonstances que ce bénéfice s'opère? S'il s'agit, par exemple, d'un élevage de bêtes à cornes qui se prolonge pendant plusieurs années, l'estimation du gain ou de la perte sera très-difficile, pour ne pas dire impossible, ce me semble.

LE PÈRE. — Ta question, mon cher Adolphe, me prouve que j'ai atteint mon but, qui était uniquement de te faire sentir l'importance d'une comptabilité agricole, travail dont l'objet est de suivre le capital en circulation dans toutes ses métamorphoses. Je m'en tiens là pour aujourd'hui, parce que, sans doute, des développements plus étendus sur cette matière auraient une aridité qui pourrait bien, par suite, nuire dans ton esprit à une chose aussi essentielle, quoique fort négligée partout. Afin d'éviter des préventions de ta part, je renvoie la suite de nos entretiens sur la comptabilité à un moment où d'autres notions préliminaires te mettront à même de les mieux comprendre. Aussi bien, voici l'heure du dîner, rentrons pour ne pas faire attendre ta mère.

CHAPITRE II.

DU TRAVAIL. — DU SOL. — DU SOUS-SOL.

LE PÈRE. — Hier je t'ai appris à distinguer les capitaux, et à suivre le capital en circulation dans ses divers changements. Tu remarques sans doute que la portion la plus importante de ce capital, c'est le travail. En effet, c'est seulement au moyen du travail que le capital en circulation peut agir. Le travail seul donne du prix aux choses qui, sans lui, resteraient sans valeur; mais elles en ont d'autant plus, qu'il faut moins de travail pour les approprier à nos besoins.

ADOLPHE. — Sans doute. Un sol riche n'est précieux que parce qu'il produit autant qu'un moindre sur une surface moins étendue, et, par conséquent, avec moins de travail de charrue, moins de travail de fauchage, etc., etc.

LE PÈRE. — Tu m'as très-bien compris. Tu dois sentir, d'après cela, toute la valeur du travail et du temps dont le travail ne peut se passer. Le temps perdu est vraiment un capital perdu; perte d'autant plus considérable, que ce temps est payé plus cher. Ainsi, un attelage de chevaux qui se repose, occasionne une perte plus grande que si c'était un attelage de bœufs, attendu que l'entretien des chevaux est plus coûteux.

Plus les produits agricoles sont abondants, plus l'homme est en mesure de donner son temps à meilleur compte, puisque sa nourriture lui coûte moins. De plus, il vivra mieux, et élèvera une plus nombreuse famille. De là accroissement de population. Celle-ci, en augmentant, cherchera à tirer du sol de plus abondants produits, et perfectionnera de plus en plus ses cultures. Ainsi, les résultats d'une culture d'abord plus abondante et plus riche, sont le bas prix des ouvriers, le bien-être des habitants, l'augmentation de la population, et enfin la dernière perfection de l'agriculture. Voilà ce qui est arrivé sur divers points des états voisins de la France, ainsi que dans quelques-unes de nos provinces, telles que l'Alsace, la Flandre, la Normandie. Nos contrées prouvent la même chose en sens contraire, c'est-à-dire, que de leur pauvre culture et de ses faibles produits, résultent la rareté des bras, le prix élevé des ouvriers, enfin, la difficulté d'introduire une culture perfectionnée, qui, seule, peut remédier au mal, mais qui demande aussi plus de travail.

Le travail étant le véhicule des capitaux, tu dois juger de quelle importance en est le bon emploi et la bonne application. On ne peut donner à cet égard de règles précises, mille circonstances accessoires devant guider le chef d'une culture dans l'emploi du travail. Ainsi, il n'entreprendra jamais plusieurs grands ouvrages à la fois, principalement sur des points éloignés ; il les exécutera plutôt l'un après l'autre, en y employant toutes les forces dont il dispose. Dans des moments pressants, où l'état du ciel joue un grand rôle, comme la moisson, les semailles d'automne, il agira toujours, pour ainsi dire, comme si le temps devait changer le même jour. Il terminera le plus promptement possible les travaux dans les terres éloignées où la surveillance est le plus difficile. Il n'ajournera jamais un ouvrage indispensable. Ce qui doit être fait, l'est toujours mieux plus tôt que plus tard.

ADOLPHE. — Cela est bien vrai, hier si votre fer--

mier avait remis du regain qui était sec; ce nuage qui nous arrive ne le mouillerait pas aujourd'hui.

LE PÈRE. — Tu as raison, mais nous-mêmes nous serons mouillés comme le regain; car la pluie commence.

ADOLPHE. — Voici près de nous un gros arbre sous lequel un laboureur se met à couvert. Allons partager l'abri.

LE PÈRE. — Je reconnais le laboureur, c'est Bertrand, le beau-frère de mon fermier, avec son fils et ses six chevaux.

Bonjour, père Bertrand, comment va la santé?

BERTRAND. — La santé des hommes va bien, monsieur; mais je n'en puis dire autant de celle des champs; ils sont malades. Il pleut par trop, on sème dans du mortier où l'on court risque de rester soi-même. Je crains fort pour les blés de l'année prochaine.

LE PÈRE. — Allons, du courage, le temps se rétablira, espérons-le. Mais, dites-moi, si vous mettiez tous les chevaux dans la raie, ils ne piétineraient pas la terre comme ils font.

BERTRAND. — Sans doute; mais le dernier se trouverait écrasé par la force des autres qui tireraient sur ses traits. D'un autre côté, quel tournage que celui de six chevaux à la file.

LE PÈRE. — Mais n'en pourriez-vous pas mettre moins?

BERTRAND. — Impossible, monsieur.

LE PÈRE. — J'ai cependant vu des charrues conduites par deux chevaux ou par deux bœufs.

BERTRAND. — Oh! ce n'est pas dans notre pays.

LE PÈRE. — C'était dans des terres comme celles-ci.

BERTRAND. — Ce n'était pas dans du mortier comme en voilà.

LE PÈRE. — Le mortier n'y fait rien, puisque vous avez en tout temps six chevaux à votre charrue.

BERTRAND. — Ma foi, monsieur, mon père les y mettait, mes voisins font de même et moi aussi.

LE PÈRE. — Mais s'il était possible de mieux faire, pourquoi ne pas l'essayer? par exemple, sans réduire le nombre de bêtes, si l'on substituait des bœufs aux chevaux?

BERTRAND. — Ah! ne me parlez pas de bœufs ; je les ai en aversion pour le travail ces lambins d'animaux.

LE PÈRE. — Par combien de qualités ne rachètent-ils pas ce que leur allure peut avoir de tardif? tout à l'heure quand vous reprendrez l'ouvrage, vos chevaux vont marcher d'un pas saccadé, trop lent ou trop rapide dans les endroits frais, tandis que les bœufs auraient une marche uniforme. D'un autre côté, si vous aviez six bœufs au lieu de six chevaux, le labour vous coûterait bien moins; car les chevaux s'usent et tournent à rien : de sorte qu'une fois usés, il faut reporter leur valeur entière sur toutes les attelées qu'ils ont faites. Les harnais, le ferrage coûtent aussi, tandis que si vous aviez des bœufs, toutes ces dépenses ne surviendraient pas. Vos bœufs travailleraient sans harnais, sans ferrage, et après plusieurs années de service, ils vaudraient encore autant qu'avant, sans compter que leur nourriture serait beaucoup moins dispendieuse que celle des chevaux.

BERTRAND. — Mais ils ne feraient pas mes charrois.

LE PÈRE. — Pourquoi pas? dans nombre de pays j'ai vu tous les transports effectués par des bœufs.

BERTRAND. — Ces pays n'ont donc pas des côtes?

LE PÈRE. — Au contraire, ils en ont plus que celui-ci, et le bœuf fort et patient vient toujours à bout de les monter, doucement il est vrai, mais sans se rebuter : s'il s'arrête, il reprend ensuite avec plus de vigueur.

BERTRAND. — Vous avez beau dire, monsieur,

chaque pays chaque mode. Si je faisais ici ce que vous dites, on se rirait de moi.

LE PÈRE. — En ce cas rirait bien qui rirait le dernier. Mais nous vous arrêtons, père Bertrand. Il ne pleut plus, je continue ma promenade. Au plaisir de vous revoir une autre fois, et par un plus beau temps.

BERTRAND. — Je le désire, monsieur.

LE PÈRE. — Eh bien ! mon fils, tu vois dans le père Bertrand une exemple de l'opiniâtreté de nos campagnards.

ADOLPHE. — Elle me paraîtrait bouffonne, si elle n'était pas si à plaindre. Tout ce que vous lui avez dit est cependant très-juste. Mais si au lieu de six harpettes, Bertrand avait trois bons chevaux, la question pourrait alors changer, ce me semble. Les trois bons chevaux lui mangeraient moins que ne font ses rosses, et mèneraient aussi bien la charrue que six bœufs égaux en force à six mauvais chevaux, et qui coûteraient plus à nourrir que les bons chevaux dont je veux parler.

LE PÈRE. — Je ne t'accorde pas ce dernier point, attendu que la consommation de tes trois bons chevaux en grains, compenserait, et au-delà, le plus de fourrage qu'on donnerait aux six bœufs. J'admets, du reste, que déjà il y aurait avantage à labourer avec trois bons chevaux plutôt qu'avec six mauvais.

Mais à tes bons chevaux j'opposerai de bons bœufs qui travailleront toujours à nombre égal. Il y a donc lieu d'établir en thèse générale que le travail reviendra à meilleur marché effectué par des bœufs.

Cette règle, du reste, comme toute autre, admet des exceptions. Par exemple, dans le cas d'élevage de chevaux de luxe, on a grandement raison d'atteler à une charrue jusqu'à six de ces animaux, pour leur donner un exercice modéré qu'il faudrait toujours leur faire prendre, et que de la sorte on met à profit.

Une autre règle qui découle de ce que tu disais toi-même tout-à-l'heure, c'est que, dans chaque espèce, le travail est moins cher, exécuté par des animaux de forte taille que par des individus chétifs.

ADOLPHE. — Mon papa, j'aperçois là-bas une charrue seulement attelée de quatre chevaux qui ne valent pas mieux que ceux de Bertrand ; à quoi tient cette différence ?

LE PÈRE. — A la nature du sol infiniment plus léger dans cette contrée que dans celle que nous quittons.

ADOLPHE. — D'où vient, je vous prie, cette légèreté du sol ?

LE PÈRE. — Je vais te l'expliquer.

Tout terrain cultivable est composé de silice, d'argile et d'humus ou terreau. La silice est la matière dont se forment les grès et les sables. Plus une terre en contient, plus elle est légère, plus elle se cultive aisément ; c'est le cas de celle où travaille la charrue de quatre chevaux. L'argile est cette substance dont on fait les tuiles, les briques et la poterie grossière. Tu sais combien elle est compacte ; aussi plus la terre en contient, plus elle est pesante et difficile à cultiver. L'humus ou terreau est le résultat de la décomposition des végétaux et des engrais. Lui seul sert à nourrir les plantes que nous cultivons.

ADOLPHE. — De son plus ou moins d'abondance doit donc dépendre le plus ou moins de fertilité d'un sol.

LE PÈRE. — Pas tout-à-fait, il existe une autre substance, celle dont on tire la chaux, le calcaire, qui n'entre pas dans la composition de toutes les terres arables comme font les trois autres, mais qui, en certaine quantité, augmente sensiblement la fertilité d'un sol, tandis, que trop abondant, il le rend brûlant et stérile. Nous avons un exemple de ce dernier cas, dans les plaines de la Champagne, composées de craie qui est un véritable calcaire.

En quantité convenable, cette substance divise l'argile, lui ôte une partie de sa ténacité, et favorise la décomposition du terreau par les racines.

Combiné avec la silice, au contraire, le calcaire lui donne du corps, et la rend moins sujette à l'action nuisible du vent. Ainsi, un sol composé d'une juste proportion de silice, d'argile et de calcaire, vaudra mieux qu'une terre composée de silice ou d'argile presque pur, quand même elle contiendrait plus d'humus.

Cette dernière substance, lorsqu'elle est de la meilleure nature et en très-grande abondance, compense du reste les autres défauts de composition du sol. Je te citerai, sous ce rapport, beaucoup d'alluvions de rivières formées presque exclusivement de silice très-fine, et d'une proportion très-considérable de l'humus le mieux approprié aux besoins des plantes utiles. Elles sont d'une étonnante fécondité; tandis que, si elles ne contenaient que peu d'humus, elles seraient semblables à ce qu'on désigne dans ce pays sous le nom de terres blanches.

La silice moins fine et à peu près sans mélange forme les sables arides que les eaux entraînent avec facilité, et que la sécheresse dépouille promptement de toute humidité. L'argile trop abondante dans une terre, la rend difficile à cultiver, mais aussi très-sensible à l'action de la gelée qui en émiette la surface.

ADOLPHE. — D'après ce que vous me dites, mon papa, il doit arriver rarement qu'un sol ne souffre pas d'un excès de sable, de calcaire ou d'argile : mais il ne souffrira jamais, je pense, d'un excès de terreau.

LE PÈRE. — Tu es dans l'erreur : il en peut souffrir quelquefois; car il est plusieurs sortes d'humus. Je t'ai déjà dit que cette substance est le résultat de la décomposition dans le sol des matières végétales et animales qui ont cessé de vivre. Sa nature et ses propriétés dépendent des corps qui l'ont produit et des circonstances qui ont accompagné cette production. L'humus résultant de la décomposition des matières animales est le plus soluble. L'humus formé sous l'eau des détritus d'herbes marécageuses, s'approprie, au contraire, difficilement aux besoins de la plupart des plantes utiles, et contient souvent, en outre, une substance acide nuisible à leur végétation. Son excès rend le sol spongieux et tellement léger, qu'il est fort difficile à la plupart des végétaux cultivés de s'y enraciner. Tu t'en convaincras par tes propres yeux dans ce marais desséché où l'on ne peut mettre autre chose que des pommes de terre et de l'avoine.

Souvent la décomposition des plantes aquatiques est très-imparfaite, et les tiges, une fois mortes, ne se réduisent point en humus, mais s'amoncellent chaque année, en formant une matière compacte qu'on appelle tourbe.

ADOLPHE. — C'est sans doute une sorte d'humus qui rend si noires les terres de bruyères?

LE PÈRE. — C'est celui qui provient de la décomposition de la bruyère même, et qui, comme l'humus formé dans les marais, résiste aux suçoirs de beaucoup de nos végétaux. Cependant, les influences atmosphériques suffisamment prolongées l'amènent à un certain état de décomposition qui le rend fertile. Alors il s'approprie fort bien aux besoins de toutes les plantes qui n'exigent pas à la fois une trop grande quantité d'humus devenu soluble, à l'avoine, au seigle, au sarrazin, par exemple. De là l'emploi si avantageux qu'on en fait dans les jardins, emploi qui devrait s'étendre à la culture des champs, principalement quand on peut transporter ce terreau sur des sols calcaires qui en opèreraient promptement la décomposition.

Les terrains de bruyère, où la couche d'humus est

souvent énorme, seraient par eux-mêmes un temps très-considérable à acquérir quelque fécondité, sans le secours de l'écobuage, procédé qui consiste à en brûler la surface. Nous en causerons plus tard.

ADOLPPE. — J'apprendrai tout cela avec un vif intérêt.

Déjà, mon papa, je connais la composition des terres et les effets de cette composition. Maintenant expliquez-moi, je vous prie, pourquoi la moindre averse que reçoit certain sol suffit pour le couvrir d'eau, fut-ce même sur une hauteur, tandis qu'il pleuvrait long-temps sur d'autres points, sans que l'eau parût à sa surface.

LE PÈRE. — Sous la couche de terre soumise à l'action de la charrue se trouve un second sol qu'on appelle sous-sol, lequel souvent ne diffère presque pas de la surface, mais qui, parfois, est aussi de toute autre nature.

Si ce sous-sol est composé, par exemple, de sable pur ou de gravier, l'eau filtrera toujours au travers, de manière à lui faire donner le nom de perméable; s'il est formé d'argile ou de roches de certaine nature, l'eau ne pouvant le pénétrer, reste et coule à la surface. Dans ce cas, on lui donne le nom de sous-sol imperméable.

Tu dois penser que cette propriété du sous-sol modifie singulièrement celle du sol. Ainsi, un terrain sablonneux, qui serait brûlant avec un sous-sol perméable, devient frais avec un sous-sol imperméable. Une argile, au contraire, fort humide si le sous-sol était lui-même argileux, devient un sol sec quand elle repose sur un banc de gravier ou de pierre calcaire.

Les terres sont le plus souvent colorées par du fer qui, selon ses divers degrés d'oxidation, lui donne une nuance verte, jaune, rouge, brun foncé.

ADOLPHE. — Et celle-ci, mon papa, que le soleil a

déjà ressuyée depuis le nuage de ce matin, d'où vient sa blancheur et cette surface unie qui ferait croire qu'elle a été balayée.

LE PÈRE. — Cette terre est de celles dont je t'ai parlé tout-à-l'heure, et qu'on nomme dans le pays terres douces ou terres blanches. Elle se compose de beaucoup de silice d'une extrême finesse, dont elle prend la couleur, et de très-peu d'argile reposant comme ici sur un sous-sol imperméable. Tu vois qu'elle se rebat très-facilement à la surface par l'effet des pluies, ce qui souvent empêche tout-à-fait la germination des grains. Aussi, sur ces terrains, les récoltes dépendent-elles plus qu'ailleurs de la saison. De plus, la gelée a peu d'action sur eux.

ADOLPHE. — Au sujet des terres argileuses, vous m'avez déjà parlé de cette action de la gelée, expliquez-la moi, je vous en prie, avec plus d'étendue.

LE PÈRE. — Tu sauras qu'à l'état de la glace, l'eau occupe plus d'espace qu'à l'état liquide. En gelant dans la terre, elle en soulève les particules. Au dégel, elle se comporte d'une manière toute différente dans les sols sablonneux et dans les sols argileux. Dans les premiers, elle passe tout simplement à l'état liquide, et forme, avec la terre qu'elle a divisée, un mortier plus ou moins gâcheux qui ne tarde pas à se resserrer. Mais l'argile ayant pour l'eau une affinité particulière, se l'approprie au fur et à mesure qu'elle cesse d'être à l'état de glace, de telle sorte que les deux substances n'en forment plus qu'une seule après le dégel, laquelle est très-friable.

Cette affinité de l'argile pour l'eau est constatée par de nombreuses expériences. Il faut une chaleur aussi forte que prolongée pour l'en débarrasser entièrement, alors elle change de nature et devient brique avec d'autres caractères. Les ardeurs de l'été n'enlèvent aux sols

argileux qu'une portion de leur eau, et cela en les cré-
vassant fortement, ce qui n'a pas lieu dans les autres
terres.

On doit profiter de l'action de la gelée sur ces sols
tenaces pour les ameublir, ce qu'on fait par un simple
labour avant l'hiver. Ce labour peut être donné par des
temps plus frais qu'en toute autre saison, et la surface
du champ, quoiqu'inégale et motteuse alors, sera en
cendre au printemps par l'effet de la gelée, effet bien
différent de celui qu'on obtiendrait si on labourait après
les gelées dans le même état d'humidité : elle se durcirait alors d'une manière excessive, et exigerait un travail infini pour redevenir meuble.

Les terres sablonneuses ne se durcissent pas à beaucoup près aussi fort à la suite d'un labour exécuté dans
la fraîcheur ; néanmoins, il faut toujours éviter de mettre la charrue dans quelque terre que ce soit, lorsqu'elle
est humide ; si ce n'est pourtant avant l'hiver, qui,
comme je viens de l'expliquer, a une action si avantageuse sur tous les terrains où la silice n'entre pas en
grande proportion ; encore, dans ce dernier cas, l'état
du sol ne doit pas être tel qu'il retombe et fasse boue
par suite de ce labour qui serait pour le coup plus nuisible qu'avantageux. Dans toute autre circonstance, les
labours gâcheux, quelque peu qu'ils le soient, ne sont
jamais efficaces ni pour la destruction des herbes, ni
pour l'ameublissement, ni comme labours de semailles.

Je reviens à notre sujet.

En général, un sol perméable est très-précieux ; de
plus, il est nécessaire à la végétation de deux de nos
meilleures plantes fourragères, la luzerne et le sainfoin.

Une autre circonstance qui influe sur la qualité du
sol, c'est sa plus ou moins grande profondeur. Un sol
profond, c'est-à-dire, renfermant de l'humus dans une
forte épaisseur, aura, toutes choses égales d'ailleurs,

d'immenses avantages sur un sol superficiel, surtout si le laboureur sait en profiter, en le fouillant dans une grande partie, ou même dans la totalité de sa profondeur. Les plantes auront plus de sucs nutritifs à leur disposition : au lieu de s'étendre horizontalement, comme elles le feraient si le sol était de peu d'épaisseur, elles s'enfonceront verticalement, et, par conséquent, pourront être bien plus serrées sans pour cela se nuire entre elles. En général, la profondeur du sol chargé d'humus ne dépasse guère la couche remuée par la charrue : elle varie le plus souvent de quatre à six pouces. On ne trouve de sol d'une profondeur plus grande que dans les endroits où les eaux ont accumulé beaucoup de terres et de détritus. Mais on peut, en défonçant et en fumant fortement un terrain, augmenter l'épaisseur du sol, et, par là, ses facultés productives. C'est là une des principales opérations de la culture perfectionnée ; je t'en parlerai dans la suite.

Mais en terminant pour aujourd'hui, je te signalerai un cas dans lequel se trouvent diverses parties de nos contrées : c'est celui où le sol et le sous-sol abondent en pierres plus ou moins volumineuses. La nature de ces pierres n'est pas toujours la même; mais elles se décomposent, en général, fort difficilement ; leur action est purement mécanique, c'est-à-dire, qu'elles divisent les particules du sol en raison de leur abondance. Du reste, elles n'ont d'effet sensiblement nuisible que sur les plantes à racines pivotantes, telles que la carotte et la betterave, dont elles arrêtent le développement.

On a remarqué, d'autre part, qu'elles entretenaient la fraîcheur dans le sol, et que, pour ce motif, des champs avaient perdu à être épierrés. Il me semble, toutefois, qu'un épierrement fait avec circonspection ne peut qu'être avantageux.

Un autre inconvénient de ces terrains, c'est de ne

2

pouvoir se prêter à des labours profonds. Dans les parties où des pointes de roches arrivent à la surface, il convient ou de les briser à une profondeur suffisante, ou de les découvrir absolument, pour que la charrue évite de les heurter en passant.

CHAPITRE III.

—

DES PRINCIPALES OPÉRATIONS DE CULTURE ET DES INSTRUMENTS QU'ON Y EMPLOIE.

LE PÈRE. — Nous avons parlé dernièrement de la composition des terres et de leurs sous-sols. Ce que nous en avons dit avait été précédé de quelques mots sur le service des animaux et leur travail comparé. Voyons maintenant l'application du travail au sol, c'est-à-dire, les principales opérations de culture au moyen desquelles ce sol devient propre à la production. Ceci me conduira tout naturellement à t'expliquer le mécanisme des instruments aratoires, notamment de ceux que je fais venir, et qu'on est allé chercher au prochain village où le roulage les a déposés.

Les terres à sous-sol imperméable demandent un premier soin, sans lequel les récoltes y sont compromises : ce soin consiste à les assainir.

ADOLPHE. — C'est sans doute pour obtenir cet avantage qu'on a si fortement bombé ces champs. Le but semble avoir été bien atteint.

LE PÈRE. — C'est, en effet, pour les assainir qu'on les a ainsi disposés; mais, contre ton opinion, le but n'est atteint qu'imparfaitement. Vois-tu là bas ces grandes flaques qui séparent chaque champ et baignent les côtés sur une partie de la longueur? Cela vient de ce que le bombement forme des creux où l'eau doit rester stagnante, s'il n'existe pas de point plus bas par lequel on puisse la faire écouler, ce qui arrive assez souvent, comme à l'endroit que je te montre.

Ce n'est pas là le seul défaut des sillons courbés. Toutes les fois qu'on les endosse, c'est-à-dire, qu'on les laboure en rejetant la terre sur le haut, le travail des chevaux ou le tirage de la charrue est augmenté de ce qu'il faut de forces de plus pour élever la terre au lieu de la retourner au même niveau. Quand on laboure en jetant la terre à val, on ferme les raies d'écoulement, et le champ n'est pas assaini.

D'autre part, en accumulant la terre végétale sur le milieu, on appauvrit les côtés, et le haut lui-même ne profite pas de toute cette terre, parce qu'elle devient trop profonde. Pour peu que le champ soit en pente, l'écoulement des eaux, alors trop rapide, fait descendre avec elles les engrais de la terre; les flancs du champ sont ravinés et le bas ensablé; enfin, les vents de l'hiver balaient la neige sur la plus grande partie de la surface, pour l'amonceler dans les raies, où elle cesse d'être utile à la conservation des plantes.

ADOLPHE. — Mais, mon papa, si cette disposition est nuisible, pourquoi a-t-elle été adoptée dans le pays?

LE PÈRE. — Par suite de fausses idées. On a cru ainsi se garantir parfaitement de toute humidité, et une fois le système de bombement commencé, on s'est vu forcé de bomber toujours davantage, afin que la dérayure ou raie d'écoulement tombât dans le fond, et aussi pour tracer fortement la ligne de démarcation entre soi et le voisin.

Cette dernière circonstance a contribué sans doute à augmenter le mal qu'il serait aujourd'hui fort difficile de réparer ; en sorte que ce qu'on peut de mieux pour les pièces qui n'ont que de la longueur sans largeur, c'est de bien arrondir la bombure au lieu de la faire en arrête de toit.

Les sols à sous-sol perméable ne demandent aucune précaution pour l'assainissement. Il est des localités où on laboure toujours à plat, sans laisser de raies : pour cela, on se sert d'une charrue dont le soc est double avec une oreille mobile qu'on change de côté à chaque longueur de champ. Cet intrument prend de son mécanisme même le nom de charrue à tourne-oreille.

ADOLPHE. — Mais quel moyen employer, mon papa, pour bien égoutter un terrain à sous-sol imperméable?

LE PÈRE. — Il faut le diviser en planches plates, par des raies d'écoulement dans lesquelles on enraie, et entre lesquelles on déraie au labour suivant, en sorte que chaque planche se trouve alors composée de deux moitiés des anciennes.

ADOLPHE. — Je comprends assez bien votre idée ; car je crois que l'enrayure, c'est l'ados que l'on forme en rejetant deux raies l'une sur l'autre quand on commence un labour, et que la dérayure est la double raie formée par l'enlèvement des deux dernières tranches de la pièce.

LE PÈRE. — Je craignais de ne m'être pas fait entendre ; mais tu saisis à demi-mot.

ADOLPHE. — C'est que je me suis fait expliquer cela tout-à-l'heure par votre fermier qui achevait le labour de la chenevière.

LE PÈRE. — Tiens, le voilà qui vient de notre côté pour continuer son travail, ce dont je suis bien aise ; car nous en sommes au labour, opération la plus importante de toutes, par laquelle on ameublit et on expose la terre aux influences atmosphériques.

Bonjour, Simon, vous venez donc labourer ici ?

SIMON. — Oui, monsieur, sur le champ où nous sommes. Mais qu'est-ce donc que ces charrues qu'on vous a amenées tout-à-l'heure?

LE PÈRE. — Ce sont sans doute les instruments que j'attends aujourd'hui.

SIMON. — Oh! monsieur! c'est tout cocace. Point d'avant-train pour soutenir un âge qui touche presque à terre... Si quelque chose n'est pas oublié dans l'envoi qu'on vous fait, je défie bien qu'une telle charrue puisse marcher.

LE PÈRE. — Vous verrez, Simon, vous verrez. Il ne faut pas trancher sur une chose que vous ne connaissez nullement.

Malgré les dernières pluies voilà un terrain qui se travaille le mieux du monde. Mais votre labour est bien superficiel : n'en faites-vous jamais de plus profonds?

SIMON. — Non, monsieur : si j'avais le malheur de prendre plus de terre, le champ ne produirait rien de vingt ans.

LE PÈRE. — A quelle profondeur bêche-t-on votre jardin?

SIMON. — A un bon fer de bêche, sans doute.

LE PÈRE. — Il ne produit donc rien votre jardin?

SIMON. — Mais je ne vois pas ce qui l'empêcherait de produire tout comme son voisin.

LE PÈRE. — Vous venez de me dire que si vous labouriez ce champ plus profondément que vous ne faites, il deviendrait stérile : votre labour est de trois pouces, le fer de bêche en a bien sept, d'où je conclus ou que vous vous trompez, ou que votre jardin ne doit rien produire.

SIMON. — Mais, monsieur, c'est une autre affaire : mon jardin a de la terre; mais ici je ne trouverais qu'une glaise détestable.

LE PÈRE. — Si votre jardin a de la terre, c'est que,

de longue main, le sol en a été remué et exposé à l'air. Si l'on faisait la même chose ici, on obtiendrait une terre aussi profonde que dans votre jardin. Il faudrait, il est vrai, d'abord plus de fumier pour fertiliser cette terre inféconde retirée du sous-sol ; mais une fois améliorée par une addition d'engrais et par l'exposition à l'air, elle aurait l'avantage d'offrir plus de nourriture, plus de profondeur aux racines des plantes, de sorte que celles-ci pourraient y être plus serrées, et cela en se soutenant mieux et se gênant moins que si le sol était superficiel.

D'un autre côté, une terre labourée profondément souffre moins de l'excès d'eau ou de sécheresse, parce que, dans les temps de pluies, elle absorbe plus aisément l'humidité, et qu'elle la conserve au fond du labour, pour servir aux végétaux pendant les sécheresses.

SIMON. — Ce que vous me dites, monsieur, est bel et bon : je suis trop ignorant pour y répondre ; mais si je voulais retourner plus de terre, je ne sais où nous en serions, moi et mes chevaux ; car un labour de quatre pouces est tout ce que nous permettent nos forces.

LE PÈRE. — Ne faites donc pas fi, Simon, d'une charrue que vous ne connaissez que pour l'avoir vue au repos, et qui, avec la moitié de votre attelage, labourera plus profondément que la vôtre.

SIMON. — C'est ce qu'il faudra voir.

LE PÈRE. — J'y compte bien. Bon courage, mon camarade, je rentre à la maison pour examiner ces instruments que vous condamnez à la première vue.

ADOLPHE. — Votre fermier, mon papa, n'est pas non plus du même avis que vous sur les labours profonds.

LE PÈRE. — Cela n'est pas étonnant. Malgré leurs avantages incontestables, ils demandent, quand on les entreprend, un excédant d'engrais qu'un fermier à court bail n'emploiera pas à améliorer le champ de son propriétaire.

D'un autre côté, il ne viendrait jamais à bout avec ses charrues, ainsi qu'il te l'a dit lui-même, d'exécuter un labour tant soit peu énergique. Tu vas voir l'instrument qui seul en est capable. Il n'est, du reste, qu'un perfectionnement des charrues sans avant-train qui existent dans beaucoup de contrées. L'antiquité n'en employait pas d'autre. La charrue romaine, qu'on retrouve encore en Languedoc, avait un âge long de huit pieds, reposant immédiatement sur le joug de deux bœufs. Maintenant on y attelle aussi des mulets, qui s'accommodent de cette façon de tirer au moyen d'un petit joug en cuir reposant sur leur col.

ADOLPHE. — Ce que vous me dites-là, mon papa, me rappelle un passage d'Homère qui prouve que ces attelages sont bien autrement anciens que les Romains eux-mêmes.

LE PÈRE. — Je ne conteste pas que ceux-ci ne les aient empruntés à la Grèce. D'ailleurs, tu le sais, des colonies de cette nation se sont autrefois établies sur les côtes de la Provence et du Languedoc, principalement à Marseille et à Agde. Mais voyons ton passage d'Homère.

ADOLPHE. — Le voici, mon papa : dans l'épisode de Dolon, au dixième chant de *l'Iliade*, le poëte parle de l'espace que, par leur marche plus relevée, deux mulets traînant une charrue, gagnent sur deux bœufs traçant en même temps des sillons de même longueur.

LE PÈRE. — Je te sais gré, mon ami, de cette citation ; le curieux passage d'Homère qui en fait mention a peut-être échappé jusqu'ici aux savants qui se sont occupés des antiquités d'agriculture.

Quoi qu'il en soit, au temps des Grecs et des Romains, les chevaux ne labouraient jamais. Je serais tenté de croire que ce sont les barbares du nord qui, après la conquête du Bas-Empire, les ont introduits dans l'agriculture. Associés à leurs exploits, ils devinrent ensuite les compagnons de leurs travaux. Mais il était impossible de soumettre à un joug fait pour soutenir l'âge de la charrue, ces animaux que l'impatience et la sensibilité rendent plus difficiles que le mulet sur la forme de l'attelage; et, comme on ne supposait pas que l'instrument dont nous parlons pût fonctionner sans avoir en avant un point d'appui, on imagina de rendre, par un avant-train, ce point d'appui indépendant des animaux; ce qu'on fit sans songer aux déviations de la ligne de tirage pouvant résulter de cette addition. Aussi les charrues à avant-train furent-elles souvent si mal construites, qu'elles offrirent une résistance double de celle de la charrue simple.

Des hommes industrieux ayant aperçu ces inconvénients, remplacèrent l'avant-train par un roulette ou un sabot adapté sous l'âge et portant sur la terre.

Dans la suite, on reconnut que ce point d'appui lui-même était inutile, et on lui substitua une pièce qui sert à régler la profondeur et la largeur du labour. La charrue se trouve être ainsi de la plus grande simplicité, sans autre point d'appui que la ligne de tirage, et pouvant être mise en mouvement par des bœufs ou par des chevaux.

Tiens la voici :

ADOLPHE. — Je ne m'étonne pas si votre fermier trouve que quelque chose a été oublié à cette charrue; c'est un joujou auprès des siennes.

LE PÈRE. — Rien n'y manque pourtant. Voici son âge A, son soc B, son versoir C, son coutre D, son régulateur E. Ce régulateur, comme tu vois, peut s'élever ou se baisser à volonté. Plus il est baissé, plus la charrue se trouve soulevée et moins elle entre en terre. Plus il est élevé au contraire, moins la charrue est soulevée et plus elle laboure profondément.

ADOLPHE. — Je comprends fort bien, mon papa, cette disposition. Et ces crans où se place la chaine au bas du régulateur, à quoi servent-ils ?

LE PÈRE. — A régler la largeur de le raie. Si tu places ta chaine aux crans de droite, la ligne de tirage tendant à se redresser, poussera la charrue à gauche, c'est-à-dire à raie. Si tu mets, au contraire, ta chaine aux crans de gauche, elle poussera la charrue à droite, c'est-à-dire hors de raie.

ADOLPHE. — Mais, mon papa, cette charrue n'ayant pas de point d'appui en avant doit être fort difficile à maintenir.

LE PÈRE. — Erreur, mon fils ; elle n'a pas si tu veux de point d'appui visible ; mais elle en a un réel dans sa ligne de tirage qui, la ramène toujours à un point unique. Le régulateur sert à déterminer ce point, juste à la largeur et à la profondeur voulue. Une charrue bien faite et bien réglée, doit marcher seule un certain temps. Lorsqu'elle vient à être gênée par des circonstances accessoires, l'homme n'a qu'à la maintenir, et le tirage la ramène bientôt au point fixé par le régulateur. S'il est obligé d'employer la force, il peut être sûr qu'il manque quelque chose à son instrument. Le soc doit sortir légèrement de la ligne directe du côté de de la raie. Le coutre doit sortir encore un peu plus, la lame étant parfaitement droite et le tranchant plutôt en dehors qu'en dedans ; tu vois que, pour obtenir une telle disposition, il est coudé dans cette charrue, parceque'il sort au milieu de l'âge : il serait droit s'il se trouvait fixé sur le côté gauche, comme il arrive souvent.

Tu as vu Simon tout à l'heure appuyer avec effort sur les manches pour faire piquer sa charrue. Tu dois comprendre que c'est ici tout l'opposé, et que si l'on appuye sur les manches d'un araire, la force du levier soulève le devant de l'instrument qui dès lors sort de la raie, tandis que si on lève les mancherons, cette même force de levier donne la facilité de piquer plus profondément que le point voulu par le régulateur. Cette différence de maniement est un écueil, contre lequel échouent parfois les personnes habituées à se servir de charrues à roues, quand elles veulent tenir la charrue simple.

ADOLPHE. — Quelle est la véritable raison, mon papa, qui fait que cette charrue donne moins de tirage que celle de Simon ?

LE PÈRE. — La voici. Tu me fais plaisir en provoquant les preuves, afin de dissiper les incertitudes.

Dans toute charrue le point de résistance est à la pointe du soc A. Le point d'où part le tirage qui doit vaincre cette résistance, est le point d'attache des traits au collier des chevaux D. Entre ces deux points, se trouve ce qu'on appelle la ligne de tirage, laquelle tend à être droite si elle ne rencontre pas d'obstacle. Or elle l'est dans la charrue sans avant-train, où elle sert elle-même à régler l'instrument. Voilà donc un tirage sans complication.

Voilà maintenant ce qu'elle fait dans cette charrue à avant-train. Elle part du point d'attache des traits D, passe au point d'attache de la balance C, pour arriver à son extrémité A, elle monte au point d'appui de l'âge B, de sorte que, toute la force nécessaire pour vaincre la résistance de la terre charge l'avant-train et pèse sur les roues, toujours en raison du plus ou moins de déviation de la ligne du tirage, lequel se trouve ainsi quelquefois doublé.

Les charrues du pays ne sont guère attelées en ce moment que de quatre cinq et six bêtes, parceque depuis la fin du printemps, les terres à blé ont reçu trois cultures pour le moins. Mais si tu t'étais trouvé ici à l'issue de l'hiver, tu aurais vu pour les semailles de mars et pour les cultures de la versaine, les mêmes charrues traînées par six et huit bêtes, quelquefois même par dix, avec trois personnes dans ce dernier cas.

Ce n'est pas tout encore : Le hasard, à ce qu'il paraît ne t'a fait remarquer que des attelages de chevaux. Cependant on leur adjoint souvent des bœufs, de manière à en mettre quatre avec le même nombre de chevaux, ce qui est très-vicieux, ces animaux étant d'allures différentes.

ADOLPHE. — Oh! quel équipage grotesque, mon papa, et comme doivent souffrir ces pauvres bœufs forcés de se mettre au pas relevé des chevaux! Mais c'est surtout votre charrue de dix bêtes avec trois hommes qui me surprend!

LE PÈRE. — Eh bien! on m'a assuré qu'on en avait quelquefois mis d'avantage dans certaines localités, ce qui est incroyable: mais ce qui peut être l'est plus encore, c'est l'imperturbable sang-froid avec lequel le cultivateur te soutiendra que ce monstrueux équipage et le faible travail qu'on en obtient, sont tout ce qu'il peut y avoir de mieux pour la nature du terrain.

ADOLPHE. — Mais ne pourrait-on pas, sans changer précisément la forme des charrues à avant-train, en établir toutefois où le point d'appui se trouvât dans la ligne de tirage, de manière à abaisser ce tirage au dégré de celui des charrues simples, ce qui permettrait de réduire la force des attelages?

LE PÈRE. — Sans aucun doute. Les bonnes charrues à roues sont ainsi construites, et suffisent pour des labours superficiels tels que celui que tu voyais faire tout à l'heure à Simon. Mais elles ne conviennent plus, quand il s'agit de pénétrer dans la terre au-delà d'une

profondeur déterminée: alors la ligne de tirage rede-
vient anguleuse et sa résistance augmente.

D'un autre côté, dans les chaleurs de l'été l'araire
peut rompre des sols durcis que n'entamerait pas même
la charrue à roues. En résumé, la charrue simple, si
elle n'a que peu de supériorité sur les bonnes charrues
à roues dans les terrains aisés, et pour des labours superficiels, offre des avantages incontestables pour les labours difficiles et profonds. Enfin la construction en est
simple et solide, et le prix peu élevé. Ces considérati-
ons me portent à la préférer à toute autre charrue.

ADOLPHE. — Cette préférence me parait bien mo-
tivée, toutefois il me semble que l'araire exige, de la
part de celui qui le régle et le manie, passablement
d'intelligence et de dextérité. D'autre part, je m'étonne
qu'avec ses qualités il soit aussi peu en vogue.

LE PÈRE. — Sur le premier point je réponds que
l'araire ne demande que de l'attention jointe à la volonté
de réussir. Comme ces qualités manquent souvent aux
domestiques, des personnes qui avaient d'abord adopté
cette charrue l'ont ensuite abandonnée. Peut-être eut-il
été mieux de ne pas renoncer ainsi, car tous les valets
font très-bien fonctionner l'araire dans les établissements modèles, et sans doute, avec de la persévérance,
les personnes dont je parle auraient fini par arriver
au but.

Si, en second lieu, cette charrue n'est pas généralement recherchée, comme elle semblerait devoir l'être,
c'est qu'en tout et partout le bien se fait jour difficilement et avec lenteur. Nous avons une certaine paresse
d'esprit qui nous rend tout d'abord l'adversaire des innovations, et c'est surtout dans les classes peu éclairées
que cette antipathie a le plus de force. Voilà quarante
cinq ans que des lois et des régléments ont établi le système décimal dans les poids et mesures: cependant com-

bien il est encore loin d'être populaire malgré sa supériorité ! N'entendons nous pas parler de temps à autre de séditions dirigées contre l'hectolitre? Mais je reviens à notre sujet.

La charrue comme tu le vois, coupe la terre en dessous, la soulève et la retourne au moyen du versoir, de sorte que le dessous devient le dessus. C'est ce qui constitue le labour.

Pour simplifier ce travail et l'accélérer, on a imaginé des instruments de beaucoup de sortes, propres à ameublir le sol, sans le retourner ou en le retournant imparfaitement. On a donné à ces machines les noms de binoir, d'extirpateur, de scarificateur etc.; mais aucun ne peut remplacer la charrue. La terre veut, pour produire, être exposée de temps en temps aux influences de l'air; travail dont la charrue seule est capable. Cependant en alternant ce travail avec celui d'un des instruments que je viens de désigner, on obtient souvent, avec moins de temps et de peine, un ameublissement plus complet. Voici le scarificateur bataille qui atteint parfaitement ce but, mais que son prix met hors de portée de la petite exploitation.

Ceci est une houe à cheval dont on ne saurait se passer pour la culture en grand des plantes sarclées,

ADOLPHE. — Qu'appelle-t-on plantes sarclées, mon papa?

LE PÈRE. — Ce sont celles qui, pour réussir, demandent une ou plusieurs cultures pendant leur végétation, telles que la pomme de terre, la betterave, la carotte etc., etc.

ADOLPHE. — Mais, mon papa, cette houe à cheval est un instrument fort large, comment le faire passer dans un champ sans détruire les plantes qu'on veut cultiver, en même temps que les mauvaises herbes?

LE PÈRE. — Les cultures sarclées se font en lignes,

en sorte que la houe à cheval passe entre deux lignes. Elle s'élargit et se rétrécit à volonté, au moyen de ces deux arcs rentrants.

Les dents de herse que tu vois entre les couteaux, servent à diviser la terre qui, ainsi, ne peut rester en galettes. Enfin, ce petit régulateur donne la facilité de cultiver à la profondeur jugée convenable. Deux personnes et un cheval font, avec ces instruments, autant d'ouvrage en un jour que 40 ouvriers avec des hoyaux.

Le butteur que voici, n'est autre chose qu'une charrue à deux versoirs. Il sert à rejeter la terre sur les pommes de terre au moment de la fleur. Ce buttage d'ailleurs, plus rapide encore que le travail de la houe à cheval, est en outre supérieur à celui qu'on peut faire à la main. Tu comprends que pour appliquer ces deux instruments aux pommes de terre, il faut les planter en lignes avec la charrue, opération des plus faciles. Observe en outre que les versoirs du batteur sont mobiles, de manière à pouvoir s'écarter ou se resserrer selon la largeur des lignes.

En ce qui concerne les autres plantes sarclées, on les sème en lignes avec un semoir, celui que tu vois est très-simple, c'est le semoir à la brouette de M. De Dombasle, il suffit à de petites exploitations. Pour les grandes cultures, il en existe de beaucoup plus compliqués dont il paraît qu'on s'est déjà servi avec succès pour des ensemencements de céréales. Ces expériences, dignes de beaucoup d'intérêt, peuvent avoir des résultats très-avantageux à l'agriculture.

Les divers instruments que tu viens d'examiner, et ceux dont je t'ai seulement donné les noms, quoique toujours utiles, ne sont pourtant pas d'un usage indispensable, d'un usage absolu comme la charrue. La plupart forment, pour ainsi dire, la transition de celle-ci à la herse, instrument non moins important dont l'objet est d'achever l'ouvrage de la charrue, d'ameublir une terre qui n'est que retournée, en même-temps que de couvrir les grains semés.

Voici la herse de Roville, à dents de fer. Il faut en avoir de divers poids proportionnés à la vigueur des hersages qu'on veut obtenir, Cette forme en lozange lui donne une grande supériorité sur les herses triangulaires et en trapèze employées dans ces contrées.

D'abord cette chaîne ABC permet de régler à volonté la force du hersage, car plus on accroche la balance loin du point A en se rapprochant du point C, moins le hersage aura de largeur et, par conséquent, plus il sera vigoureux. De plus, cette herse a un mouvement d'oscillation qui contribue singulièrement à l'ameublissement du sol. On doit retenir en principe que l'énergie du hersage ne dépend pas seulement de la pesanteur de la herse, mais aussi de la célérité avec laquelle il est opéré.

ADOLPHE. — Cela se conçoit bien, car une herse allant vite doit frapper les mottes avec plus de force qu'une herse qui, menée avec lenteur, les déplace plutôt qu'elle ne les brise.

LE PÈRE. — Il est des pays où cette vérité est si bien reconnue qu'on herse souvent au trot. Toutefois l'instrument doit toujours avoir assez de poids pour ne pas sautiller sur les mottes sans les rompre.

ADOLPHE. — Comme l'énergie du hersage dépend beaucoup de la vitesse, le cheval doit mieux convenir à ce travail que le bœuf.

LE PÈRE. — Cela est vrai, cependant je ne pense pas que la supériorité du cheval sur le bœuf pour le hersage, doive déterminer un cultivateur à avoir des chevaux lorsqu'il peut s'en passer pour ses autres ouvrages, en y affectant seulement ses bœufs.

ADOLPHE. — Quel est donc, mon papa, cet assemblage de barres de fer disposées en rond ?

LE PÈRE. — C'est un rouleau très-propre à pulvériser les grosses mottes. Étant court il pèse d'autant plus fort sur le petit espace qu'il embrasse. Tu en vois souvent en bois de beaucoup plus longs et dès lors plus ou moins énergiques. L'emploi de tous les rouleaux, en général, demande une grande circonspection. Autant ils sont efficaces sur un sol durci par la sécheresse, autant leur effet est nuisible pour peu que ce sol soit humide et de nature à se rebattre aisément. On a vu quelquefois, par un roulage inconsidéré, détruire l'effet de plusieurs labours et arrêter la germination des grains.

En général le rouleau est d'autant plus efficace que de sa nature le sol est plus sec et plus léger. Il lui rend une consistance favorable à la germination des semailles. Il est d'autant moins utile que le sol est plus humide et plus argileux : cependant, il est parfois nécessaire dans les terres de cette espèce, pour détruire des mottes si dures qu'elles résisteraient à la plus forte herse. C'est au cultivateur à apprécier ces circonstances différentes, et à construire en conséquence les rouleaux qui seront d'autant moins longs et plus gros que le roulage devra être plus énergique.

Voilà, je crois, notre revue terminée.

ADOLPHE. — Je vous demande pardon, mon papa, voici encore un instrument qui ne me paraît être autre chose qu'une sorte de traîneau, quel peut donc en être l'usage ?

LE PÈRE. — Eh quoi ! tu ne le devines pas ? reardge tous les instruments dont nous venons de faire l'examen. Lequel a besoin d'un aide comme le traîneau pour se rendre aux lieux où il doit fonctionner ?

ADOLPHE. — Je suis honteux de ne l'avoir pas aperçu au premier coup-d'œil ! c'est à la charrue simple que le traîneau est nécessaire, puisqu'elle n'a pas, comme celle du pays, des roues qui la fassent mouvoir.

LE PÈRE. — C'est cela même. La houe à cheval et le batteur sont transportés aussi de la même manière.

Il existe encore beaucoup d'autres instruments d'agriculture dont on se sert avec succès dans diverses localités. Je me suis procuré ceux que j'ai jugés propres à une petite exploitation. Ce sont les plus connus et les plus en usage, notamment dans les établissements modèles de Roville et de Grignon.

CHAPITRE IV.

—

DES ASSOLEMENTS.

LE PÈRE. = Asseyons-nous ici, mon ami, du haut de cette colline on découvre une campagne riante, dont le spectacle égaiera nos causeries agronomiques. Je vais te parler de la théorie des assolements, fondée sur les principes de la physiologie végétale.

Les plantes se nourrissent de deux façons : elles prennent à la terre par leurs racines, à l'air par leurs feuilles qui, pour cela, sont munies d'organes respiratoires. Cette nourriture aérienne est aussi indispensable, et contribue tout autant à la formation des végétaux, que la nourriture radiculaire : seulement celle-ci parait être plus spécialement destinée à former le grain. Chose étonnante ! on dirait qu'elle n'a pas encore dépassé les racines ou le collet de la plante, tant que cette formation n'a pas eu lieu. De sorte que, jusqu'au moment de la fleur, la plante semble avoir uniquement vécu aux dépens de l'air. Elle a pourtant aussi tiré quelque chose du sol, mais les sucs qu'elle lui a enlevés sont jusqu'alors restés dans des réservoirs, *souterrains* chez le plus grand nombre des végétaux, *placés hors de terre* chez quelques-uns qui font une sorte d'exception à notre règle, comme le choux à pomme et la laitue. Il va sans dire qu'en enlevant les réservoirs où la plante a amassé les sucs tirés de la terre et destinés à nourrir le grain, on épuise le sol autant que si on recueillait ces mêmes plantes à maturité. C'est ainsi que toutes récoltes d'ognons, tubercules ou racines épuisent le sol.

Cette théorie prouvée par l'expérience est d'une application immense pour la culture ; en effet, si une récolte n'a rien tiré du sol jusqu'à la floraison, coupée à ce moment elle ne doit rien enlever des engrais qu'on lui a appliqués, et c'est ce qui est en effet. Toute plante récoltée en grains, au contraire, a plus ou moins épuisé le sol, suivant l'espèce de grains.

Ceci posé, réponds à cette question : dans une culture où tu auras à semer des fourrages destinés à être fauchés en fleurs, et des céréales à récolter en grains, au quel des deux appliqueras-tu les engrais ?

ADOLPHE. — Je crois, mon papa, que ce sera d'abord au fourrage, car il profitera, sans l'épuiser, de la fumure que les grains retrouveront ensuite en entier ; tandis que si je l'appliquais en premier lieu à la culture épuisante, le fourrage venant ensuite n'en profiterait plus.

LE PÈRE. — Voilà qui est parfaitement juste. D'un autre côté, ces fourrages qui ne coûtent rien au sol sont pour lui une source d'amélioration, comme matières à engrais. Observe encore que toutes les mauvaises plantes qui proviennent des graines transportées dans le fumier, sont fauchées en fleur avec la prairie, tandis que dans une récolte de céréales elles arriveraient elles-mêmes à maturité, et produiraient de nouvelles semences nuisibles.

Un second principe non moins certain que le premier, c'est que la terre se lasse de nourrir des plantes du même genre, sans être pour cela dépourvue de substances propres à d'autres plantes.

Il est probable que les végétaux ont, ainsi que les animaux, leurs excrétions dans lesquelles ensuite ils se déplaisent, mais qui peuvent convenir ou ne pas déplaire à certains autres. Il est probable aussi que ces excrétions abondent en raison de la force avec laquelle ils ont végété.

Cette théorie explique assez bien pourquoi dans deux cultures consécutives de la même plante, la seconde réussit d'autant moins que la première a été plus abondante, tandis que c'est tout le contraire si, les plantes étant de nature différente, la seconde se plait après la première. Enfin, souvent on obtient plus de produits du sol en l'occupant en même-temps par deux plantes, que si l'une et l'autre de ces plantes eût été semée séparément.

ADOLPHE. — Cette observation m'explique pourquoi je vois souvent du blé mêlé de seigle dans tout un champ dont on aurait pu sans doute mettre la moitié en blé et l'autre en seigle.

LE PÈRE. — Justement. Je continue le développement des notions élémentaires que je t'ai promises.

Dans un temps où les pâturages étaient abondants, où les fourrages étaient de peu de valeur et où le sol lui-même n'en avait qu'une très-faible, le but unique de la culture était la production des grains. Mais on n'eut pas de peine à voir ce que l'antiquité elle-même savait déjà très-bien, c'est-à-dire que la terre se lasse de produire constamment les mêmes choses. On pensa alors à lui donner une année de repos destinée à faire interruption de culture, et, en même-temps, pour disposer le sol à la production capitale, celle du blé,

Ainsi fut fondé l'assolement triennal qui est aujourd'hui en vigueur presque partout en France. Jachère morte, blé fumé, avoine.

Dans son origine, cet assolement pouvait être le plus rationnel, attendu que la culture des grains produisait seule des bénéfices, et qu'on trouvait les engrais nécessaires dans de nombreux pâturages. L'accroissement de population ayant ensuite augmenté le besoin de grains, on rompit une partie des pâturages qu'on assola toujours dans le même système. On eut d'abord plus de grains, mais aussi plus de terres à fumer et moins d'engrais.

D'autre part, les bestiaux devinrent plus chers ; les engrais plus rares devinrent plus précieux; les fourrages qui donnent l'un et l'autre prirent aussi de la valeur ; et, dès-lors, on imagina d'en semer dans la jachère, mais le sol se souillant fortement par l'abus de ce monde, et sa fécondité diminuant encore, les personnes sages se bornèrent alors à semer seulement une partie de leur jachère en prairies artificielles. Elles éprouvèrent un mieux réel. Les autres renoncèrent tout-à-fait à cette culture intercalaire, et s'en tinrent à l'assolement établi de temps immémorial.

On en était à ce point quand des hommes éclairés essayèrent de remettre en honneur cette vérité.

Que la terre n'a pas besoin de repos ;

Que le repos n'est de temps en temps nécessaire dans l'assolement triennal, qu'à cause des deux cultures consécutives de grains qui, l'une et l'autre, épuisent et souillent le sol ;

Que dans certains pays, la Flandre notamment, la terre produit toujours et toujours d'abondantes récoltes.

On établit alors les assolements alternes où des récoltes de tout genre se succèdent sans cesse les uns aux autres.

Par application du premier principe que nous avons posé, on cessa de consacrer immédiatement les engrais aux cultures de grains, qu'on fit précéder de récoltes de fourrages ou de cultures de racines, pommes de terre, betteraves, etc. Ces dernières, il est vrai, épuisent une portion de l'engrais, dont il convient dès-lors d'augmenter la quantité; mais les soins qu'elles exigent nétoient le sol aussi bien que le ferait la jachère morte. Les plantes sarclées sont toujours placées en tête de ces assolements, comme la jachère en tête de la rotation triennale, parce que, comme elle, elles doivent disposer le sol aux cultures subséquentes.

ADOLPHE. — Donnez-moi donc, mon papa, quelques exemples de ces assolements.

LE PÈRE. — En voici quelques-uns :

Assolement de 4 ans.

1re année. Racines fumées, ou plantes oléagineuses.
2e   —   Grains.
3e   —   Trèfle.
4e   —   Grains.

5 ans.

5e   —   Fourrage avec demi-fumure.

6 ans.

6e   —   Grains.

7 ans.

7e   —   Fourrages.

Autre assolement de 7 ans.

1re année. Racines fumées.
2e   —   Grains.
3e   —   Trèfle.
4e   —   Grains.
5e   —   Fourrages fumés.
6e   —   Graine oléagineuse.
7e   —   Grains.

ADOLPHE. — Mais, mon papa, que peut-on faire d'une telle quantité de racines, et comment les cultiver?

LE PÈRE. — Ne t'ai-je pas expliqué le service de la houe et à cheval, qui vaut autant que quarante ouvriers?

Quant à l'emploi de ces racines, sans parler des sucreries, des féculeries, des distilleries qu'elles alimentent dans les grandes exploitations, dans les moindres, on en tire de notables bénéfices par l'engraissement, l'élevage du bétail de toute espèce, en même temps qu'elles produisent beaucoup d'engrais pour les terres.

Le choix d'un assolement alterne doit dépendre des circonstances locales, du commerce du pays, de ses débouchés, de la nature et de la richesse du sol.

En général, plus les terres sont fertiles et les prairies naturelles abondantes, plus les cultures épuisantes pourront être répétées. Au contraire, plus l'exploitation sera maigre et dépourvue de prairies naturelles, plus les cultures de racines et de fourrages devront être nombreuses.

On appelle assolements améliorants ceux qui sont dans ce dernier cas, c'est-à-dire, qui produisent par les racines et les prairies artificielles, plus d'éléments de fumier, que les cultures de grains n'en doivent absorber; de sorte qu'en recommençant la rotation, on possède dans le sol, l'amélioration produite par cet excès d'engrais.

La théorie sait indiquer d'avance si un assolement est améliorant ou épuisant. Je me bornerai à te dire qu'un assolement commence à être améliorant, quand moitié des soles sont employées aux plantes fourragères et aux racines.

L'assolement triennal est épuisant; car l'engrais que procure ses pailles ne serait jamais suffisant pour subvenir à l'épuisement occasionné par la production des grains; et jamais il ne pourrait se soutenir, malgré la jachère, s'il n'était aidé par des prairies naturelles. Un assolement améliorant, au contraire, produit, d'une part, des récoltes bien supérieures, et, de l'autre, enrichit le sol où il est pratiqué.

Ajoutons qu'à la suite de quelques années d'abondance, l'assolement triennal accumulant des récoltes de grains toujours égales, en avilit lui-même la valeur; tandis que, dans le même cas, l'assolement alterne est en mesure de réduire ses produits en grains, qu'il remplace par d'autres plus en faveur. S'il s'agit, au contraire, d'une disette, il procure immédiatement des racines et plus de viande pour tenir lieu de grain, et donne les années suivantes toute l'extension possible à la culture des céréales.

ADOLPHE. — Je comprends très-bien, mon papa. Maintenant je n'ai plus le moindre doute sur la supériorité des assolements alternes. Insister à cet égard, ce serait agir comme un médecin qui se bornerait à faire à son malade l'éloge de la santé, en lui indiquant les moyens de la conserver et de la rendre plus florissante. Guérissez-moi d'abord, lui dirait ce dernier, si vous voulez que je puisse faire usage de vos excellentes théories. Je vous dirai de même : guérissez notre agriculture; indiquez-lui les moyens de sortir de la mauvaise voie où elle se trouve engagée.

LE PÈRE. — Ton observation est juste; mais j'avoue franchement que la guérison n'est pas l'affaire d'un jour.

D'abord, les assolements alternes ne produisant des grains qu'en seconde et en quatrième année, puisque les fumiers sont d'abord appliqués aux fourrages, exigent de celui qui les établit assez de capitaux pour qu'il puisse se passer de ces produits en grains jusqu'à leur entrée en assolement.

En second lieu, la production des fourrages étant un des principaux buts de toute rotation alterne, une consommation avantageuse de ces fourrages est nécessaire, et, pour cela, les belles races de bestiaux doivent avoir la préférence sur celles du pays.

En troisième lieu, le sol étant constamment en production, il faut, pour l'empêcher de se souiller, le rompre immédiatement après chaque récolte, même dans les ardeurs de l'été, ce qui exige encore des charrues autres que les charrues ordinaires, lesquelles sont incapables de pareils travaux.

L'homme éclairé, et qui possède les capitaux nécessaires, pourra avec succès vaincre d'un coup les trois difficultés, s'il s'est livré à une étude raisonnée et à des méditations préparatoires sur le nouveau mode qu'il entend substituer à l'ancien, sans cela mieux vaudrait qu'il continuât à faire ce qu'il a appris de ses pères.

Une condition également essentielle, c'est la réunion en une seule pièce de toutes les terres d'une exploitation. Je la regarde, dans l'état actuel des choses, comme indispensable. En effet, suppose une culture alterne ayant sa sole de racines en trente pièces, au milieu des blés de l'assolement triennal ; le cultivateur, pour le travail de ces pièces, commettra beaucoup de dégâts que ses voisins lui feront certainement payer cher. Ces mêmes pièces, une fois les blés récoltés, seront à leur tour exposées sans défense à toutes les insultes de la vaine pâture. Il en serait de même du reste.

ADOLPHE. — Ainsi, mon papa, mettant de côté quelques propriétés d'une seule pièce comme la vôtre, je vois qu'il est impossible de perfectionner l'agriculture d'une manière générale.

LE PÈRE. — Tu te trompes. Ne sais-tu pas que le temps est le meilleur médecin ? Les difficultés dont je t'ai parlé tout-à-l'heure sont celles d'un changement

subit; mais il n'en est pas de même d'une conversion
progressive.

Vois les environs des grandes villes, même dans nos
contrées à assolement triennal ; la culture qui s'y pratique n'est autre chose qu'une culture alterne où les
plantes potagères ont une large part; et cependant là
comme ailleurs les propriétés sont morcelées. Je te citerai, comme exemple, la plaine du Sablon à Metz,
que tu te souviens d'avoir parcourue, et où tu aurais
pu remarquer le blé succédant à des carottes qui arri-
vaient elles-mêmes après un colza, et cela sur un sol
primitivement fort médiocre. D'où vient cette amélioration de culture? De ce que les besoins d'une grande
ville et son voisinage ont donné l'essor à l'industrie
agricole. Ne désespérons donc pas que, de proche en
proche, il n'en puisse être de même un jour partout.

Tiens, parcours des yeux la sole jachère de notre
village : n'y voit-on pas un bon nombre de champs de
pommes de terre et de prairies artificielles? Il n'en était
pas de même il y a trente ans. Voilà donc un progrès,
simple effet du temps, et dont ne se doutent pas ceux-là
même qui y concourent.

Maintenant, que l'éducation du bétail s'améliore,
comme elle semble en avoir la tendance, de manière à
faire sentir l'absolue nécessité de mélanger de racines
la nourriture d'hiver, et de lui donner au printemps
des fourrages verts précoces, le cultivateur se voyant
alors gêné et trop à l'étroit dans sa rotation triennale,
en détachera les pièces les plus accessibles et les plus
faciles à garder, pour les soumettre à une rotation particulière. Voilà un second pas vers la culture alterne.

Le même agriculteur verra clairement, alors, combien
il est de son intérêt d'éviter, autant que possible, tout
morcellement de pièces dans les partages de successions, et il n'exigera plus, comme il fait si souvent au-

3

jourd'hui, qu'on lui donne deux moitiés de deux champs, tandis qu'il pourrait avoir l'un des deux dans son entier. Ajoutons à cela la suppression de la vaine pâture, suppression qui ne peut plus tarder d'avoir lieu, et voilà déjà bien des obstacles vaincus.

Quant à présent, le seul conseil qu'on puisse donner au cultivateur que son isolement et ses ressources ne mettent pas dans une position exceptionnelle, c'est de chercher à réunir les pièces de son domaine toutes les fois qu'il en trouve l'occasion, de développer la culture des luzerne et sainfoin sur les terres propres à ces plantes, d'introduire dans sa jachère, avec une sage mesure, les autres plantes fourragères et les racines. De la sorte, il améliorera sa race de bétail, il augmentera sa masse d'engrais, et par suite la production des grains eux-mêmes; enfin il entrera dans une voie de perfectionnement.

Ce que je viens de dire s'applique même au cultivateur qui, avec un domaine isolé, n'aurait pas les capitaux suffisants pour opérer de suite une conversion générale; c'est-à-dire qu'il ne doit effectuer son changement que pièce par pièce. Rentrons maintenant, mon ami. Tu vois qu'en ce qui concerne les assolements, comme en tout le reste de l'art agricole, les principes généraux sont peu nombreux, mais que les applications sont variées, délicates, et demandent, pour être fructueuses, du tact, de la prudence et de l'exercice.

CHAPITRE V.

DES ENGRAIS ET AMENDEMENTS.

LE PÈRE. — Dernièrement, mon cher ami, je t'ai expliqué les règles d'après lesquelles doit être ordonnée

la succession des cultures. Aujourd'hui je te ferai connaître les diverses matières employées pour donner à ces
cultures un plein succès; matières tellement indispensables que, sans elles, le travail des instruments, quelque complet qu'on le suppose, serait bien souvent stérile. Tu comprends que je veux parler des engrais et
des amendements.

Il existe plusieurs sortes d'engrais. On ne connaît
guère en ce pays que celui qui s'appelle fumier, et qui
se compose des déjections des animaux de la ferme,
recueillies au moyen de la litière. Notre voisin en transporte aujourd'hui sur les derniers champs de blé qu'il
veut ensemencer, allons examiner le tas à l'intérieur.

ADOLPHE. — Oh! mon papa, quelle fumée s'en
échappe! D'où peut-elle donc provenir?

LE PÈRE. — D'une disposition vicieuse de ce tas. La
fumée que tu me montres n'est autre chose que le résultat d'une décomposition de mauvaise nature, qui
change en parties volatiles une grande quantité de fumier. Vois-tu, d'autre part, cet écoulement d'eau
brune qui, du tas, va droit au ruisseau, il entraîne une
portion considérable des substances les plus solubles.

ADOLPHE. — Que faire, mon papa, pour éviter
cette double perte?

LE PÈRE. — Le fumier a deux sortes de réactions,
l'une, celle qui s'opère en ce moment, se produit quand
la masse est peu serrée : l'air y pénètre, et l'oxigène,
un des gaz dont il est formé, se combine avec des portions solides du fumier qu'il rend gazeuses comme lui,
en laissant le reste blanchâtre et peu fertilisant. L'autre
réaction, qui a lieu quand la masse est bien serrée, humide et peu accessible à l'air, rend le fumier jaune ou
vert clair, sans autre odeur que celle du musc. Quand
on le charge, il n'exhale aucune fumée, ce qui prouve
que rien ne s'en dégage. Une fois étendu, sa couleur

jaune devient un noir foncé, changement résultant de ce qu'il s'opère alors une seconde réaction, par laquelle le fumier s'approprie un gaz de l'air, en le rendant solide comme lui ; de sorte qu'il gagne alors au lieu de perdre, comme dans le premier cas.

ADOLPHE. — Tenez, mon papa, dans cette partie du fumier, je crois que cette seconde réaction a eu lieu, car il ne se dégage rien de ce côté, et le fumier devient noir de jaune qu'il était, au fur et à mesure qu'on le charge.

LE PÈRE. — Tu as raison. Mais t'explique-tu d'où peut venir cette différence ?

ADOLPHE. — Non, mon papa.

LE PÈRE. — Remarque que l'endroit que tu me montres est en face de l'écurie des vaches. Celui au contraire qui fume si fort est le plus près de l'écurie des chevaux. Le fumier des vaches aura été accumulé sur le premier point, et celui des chevaux sur le second. En effet, les excrétions des bêtes à cornes étant plus compactes, plus humides, plus froides, sont moins sujettes à la fermentation de mauvaises nature que celles de cheval beaucoup plus légères, plus chaudes, moins humides, et outre cela, mélangées le plus souvent de beaucoup de paille, ce qui rend le fumier encore plus poreux,

Pour obtenir une fermentation égale et de bonne nature partout, on doit ne pas laisser sur le tas des parties de litière non salies, qui peuvent très-bien rester encore sous les bêtes. De plus, il faut répartir également les différents fumiers sur tous le tas. Enfin, comme malgré ces précautions, la fermentation de mauvaise nature peut s'établir encore dans les moments de sécheresse, il faut alors avoir le soin d'arroser le tas de temps en temps, afin de lui rendre l'humidité nécessaire à la bonne fermention. Pour se procurer les moyens

d'arrosage, on dispose les places à fumier légèrement
en pente, et l'on établit au bas une fosse destinée à recevoir les égoûts qui, de la sorte, ne sont pas perdus
comme ici, et ont un emploi très-avantageux.

Il va sans dire que le tas doit être protégé avec grand
soin contre l'invasion des eaux extérieures. Lorsqu'on
peut y faire marcher souvent les bêtes, sans pour cela
dégrader ses bords, il ne s'en trouve que mieux, à
cause du tassement qui en résulte, et qu'on obtient
aussi en chargeant quelquefois le fumier de boue ou de
terre. Si cette dernière opération n'est pas nécessaire,
pour arrêter et prévenir une fermentation mauvaise,
il vaut mieux s'en dispenser, parce qu'elle rend l'enlèvement de la masse beaucoup plus pénible.

ADOLPHE. — Ne vous ai-je pas entendu parler de
pays où on ne relite jamais les écuries, comment alors
le fumier est-il recueilli?

LE PÈRE. — Le pavé de ces écuries est disposé en
pente, de manière à ce qu'il soit facile de pousser, avec
le balai, les excrétions dans des fosses où elles forment
bouillie, et d'où elles sont portées sur les champs dans
des tonneaux. Cette méthode ne laisse absolument rien
perdre, mais elle exige plus de travail et une certaine
habitude. Je crois la nôtre préférable, en ce qu'elle
utilise des litières qu'on emploierait certainement
moins bien à toute autre chose.

ADOLPHE. — Le fumier de mouton qu'on laisse
s'accumuler dans les bergeries, doit-il être ensuite mélangé dans le tas avec les autres fumiers?

LE PÈRE. — On peut sans inconvénient le porter
immédiatement sur les terres. Souvent même il importe de ne le pas mélanger, parce qu'étant plus chaud
et plus énergique qu'aucun autre, il convient de l'appliquer exclusivement aux terres froides et compactes.

Pour éviter les frais de transport et de relitage, on

fait ce qu'on appelle parquer les bêtes à laine, opération qui consiste à les enfermer dans une enceinte de claies au milieu des champs, où elles fument une étendue de terrain proportionnée à la force du troupeau. Cette fumure, dont l'effet très-énergique ne dure jamais plus d'un an, veut être enterrée par un labour peu profond, afin d'être le plus possible à portée des végétaux dont elle doit favoriser la croissance.

En général, tous les engrais demandent à être enterrés superficiellement, bien émiettés et mélangés avec la couche supérieure du sol. Souvent même ils ont plus d'action quand ils ne sont pas enterrés du tout, et quand on les applique à des récoltes en végétation. C'est principalement le cas de tous les engrais en poudre qui agissent fortement sous un petit volume, comme le sang, les déjections humaines séchées et pulvérisées, la colombine ou fiente de volaille.

ADOLPHE. — La fiente de volaille est donc aussi un bon engrais ?

LE PÈRE. — C'est un des meilleurs et des plus actifs. Un cultivateur soigneux ne doit pas la mélanger avec le reste du fumier; il doit la mettre de côté, la faire sécher et la semer à la main sur quelque récolte en végétation. Douze hectolitres de cette matière par hectare devront déjà produire un grand effet.

Il est des engrais d'une certaine espèce qui ne coûtent aucun transport, aucune manipulation, et qui sont tout-à-fait ignorés dans ce pays, je veux parler des engrais végétaux; ce sont tout simplement des récoltes de différents genres qu'on enterre en fleurs, c'est-à-dire lorsqu'elles n'ont encore rien pris à la terre, de sorte qu'une fois enfouies, le sol se trouve véritablement enrichi de l'humus résultant de leur décomposition.

ADOLPHE. — Ainsi, plus ces plantes seront venues avec vigueur, plus l'engrais sera abondant ?

LE PÈRE. — Sans doute. Dans les terrains absolument maigres, on ne saurait conseiller l'emploi des engrais végétaux qui, alors, ne vaudraient ni la semence ni les frais de culture; mais pour peu que le sol ait un commencement de fertilité, et qu'on puisse espérer une récolte au moins passable, ces engrais deviennent très-précieux en fournissant au cultivateur un moyen peu coûteux d'amélioration. Sur les terrains chauds et légers, ils valent en quelque sorte mieux que le fumier, parce que leur décomposition moins active y nourrit les plantes d'une manière plus égale dans toute la durée de la végétation.

ADOLPHE. — Quelles sont les plantes les plus propres à servir comme engrais végétaux ?

LE PÈRE. — Ce sont le sarrazin, le trèfle, la vesce, la navette d'été, le seigle, la spergule. Je te parlerai bientôt de leur culture, si ces entretiens continuent à t'intéresser.

Tu vois le long du ruisseau cette forte levée sur laquelle pullulent les orties et les chardons : sais-tu de quoi elle est formée ?

ADOLPHE. — Des boues provenant du curage du ruisseau.

LE PÈRE. — Crois-tu qu'il soit bien de la laisser ainsi ?

ADOLPHE. — Je vous devine, mon papa, il serait bien mieux de la porter sur ces champs comme engrais.

LE PÈRE. — C'est cela même. La terre de cette levée étant remplie de détritus de toute espèce, est certainement un des meilleurs engrais. Admire donc l'incurie des riverains ? Tous ont des champs maigres à portée, et nul n'y a jamais conduit un tombereau de ce terreau précieux. Dans d'autres contrées où la valeur en est bien connue, on va le chercher à grand'peine dans des bas-fonds pleins d'une eau qu'on cherche

même à épuiser quelquefois avec des machines hy-
drauliques, dont les frais sont toujours bien payés.

Tous les engrais dont je t'ai entretenu jusqu'à présent, proviennent de la décomposition de matières ap-
partenant au règne végétal et au règne animal. Il me
reste à te parler d'une autre sorte d'engrais qu'on désigne d'ordinaire sous le nom d'amendement, et qui
nous sont fournis par le règne minéral, ce sont les
marnes, la chaux, le plâtre, les cendres ordinaires et
sulfureuses.

Les marnes ne sont autre chose qu'un mélange in-
time de calcaire et d'argile, dans toutes sortes de pro-
portions. Je t'ai expliqué, si tu t'en souviens, lors de
notre examen des terres, que leur fertilité dépend non
seulement de leur richesse en humus, mais encore
d'une juste proportion des autres substances qui les
composent, sable, argile, calcaire. Cette dernière,
t'ai-je dit, augmente la fertilité par son action mécanique sur les particules de la terre. Certaines plantes,
la luzerne et le sainfoin, ont même la propriété de décomposer le calcaire, sans lequel elles ne peuvent absolument végéter.

L'opération du marnage a pour but de donner au sol
tantôt le calcaire, tantôt l'argile et quelquefois l'un
et l'autre, pour rendre l'humus plus facilement absor-
bable par la racine des plantes. La marne n'est donc pas
véritablement un engrais, c'est un excitant, une cause
d'ameublissement. Des personnes trompées par les
magnifiques résultats du marnage, ont cru pouvoir
remplacer l'engrais par la marne, qu'est-il arrivé?
Qu'elles ont épuisé leur sol en quelques années. Pour
éviter de tels résultats, il faut employer tout d'abord
cette vigueur de végétation que donne le marnage, à
la production des fourrages, c'est-à-dire d'éléments
d'engrais et d'amélioration.

ADOLPHE. — On ne trouve sans doute pas de marne dans ce pays, car je ne sache pas qu'on y connaisse même cette substance.

LE PÈRE. — Tu te trompe grandement. Ce pays abonde en marne de toutes sortes ; mais cette richesse est complètement ignorée. Vois-tu au fond de ce fossé une matière blanchâtre qui se divise en feuillets, c'est une marne très-calcaire, qui conviendrait certainement beaucoup à la terre argileuse du bas de la côte.

ADOLPHE. — Plus une marne sera calcaire, plus sans doute elle produira d'effet ?

LE PÈRE. — Tu devrais ajouter , sur les terres qui sont argileuses, car elle n'en produira pas, ou peut-être sera nuisible sur un sol déjà calcaire. Ce dernier et les sols sablonneux se trouvent très-bien, d'autre part , d'une marne fortement argileuse qui n'aurait que peu d'action sur une terre déjà bien pourvue d'argile.

ADOLPHE. — A quels caractères, mon papa, reconnait-on les marnes et leur composition?

LE PÈRE. — Les différentes marnes sont plus ou moins faciles à se déliter. Les plus dures sont ordinairement les plus calcaires. Les plus onctueuses ont le plus d'argile. Du reste, on les reconnaît toutes par le bouillonnement qu'elles produisent , quand on verse dessus , un acide , comme le vinaigre très-fort par exemple. Leur couleur varie autant que celle des terres , et n'indique rien sur leur composition .

Pour le succès d'un marnage, il importe que la marne soit divisée autant que possible, et parfaitement mélangée avec le sol. Aussi le mieux est-il de la mener sur-le-champ et de l'épandre avant l'hiver. Pendant cette saison elle est délitée par les gelées. On la divise encore au printemps avec la herse; puis on l'enterre par un labour très-superficiel, ou mieux encore par un trait d'extirpateur, si l'état de la terre permet l'em-

3*

ploi de cet instrument. Enfin on exécute dans le courant de l'année qui suit, le plus de labours et de hersages possibles. Si on négligeait ces précautions, le marnage ne se ferait sentir qu'au bout de deux ou trois ans. La durée de son effet dépend de la quantité de marne employée, mais cette durée est toujours longue : cela se conçoit sans peine, puisqu'on a changé la composition du sol. Dans certains pays, on marne les terres tous les trente ans.

La chaux vive a absolument la même action mécanique que les marnes calcaires sur les terres argileuses. Elle divise l'argile et favorise ainsi l'absorption de l'humus par les racines. Elle a de plus une action chimique sur cet humus, avec lequel elle se combine en formant des substances particulièrement solubles et propres à la nourriture des plantes. Elle décompose même l'humus acide dont je t'ai parlé l'autre jour, au sujet de certaines terres noires, nommément celle de bruyère, et les rend utiles à nos végétaux de stériles qu'elles étaient. On ne saurait donc trop en conseiller l'emploi sur les terres qui contiennent cet humus en certaine quantité.

Sur les terres au contraire qui n'ont que de l'humus doux, comme sont la plupart des terres arables, le chaulage, quoique donnant d'abord des produits éblouissants, ne doit être employé qu'avec grande circonspection. Il faut s'en abstenir tout-à-fait sur les terrains maigres ou peu abondants en humus qu'il épuiserait tout d'un coup. En exceptant les terres à humus acide où l'emploi de la chaux est très-efficace, on peut établir en règle générale que, sur les autres terres, il est d'autant plus praticable qu'elles sont plus riches en humus ; qu'il cesse de l'être sur les terrains pauvres, et qu'il doit toujours être suivi de fortes fumures. Nécessité, par suite de laquelle un cultivateur éclairé profite de ce luxe de végétation que produit la chaux pour obtenir d'abondants fourrages desquels il tirera des engrais dont il ne tardera pas à avoir besoin.

La quantité de chaux à employer varie de cent cinquante à deux cents quintaux métriques par hectares. On peut en mettre davantage sur les sols tourbeux et acides. On distribue cette chaux sur toute la surface du champ en petits tas qu'on couvre d'un peu de terre et qu'on laisse ainsi jusqu'à ce quelle soit pulvérulente. Alors on la répand à la pelle, et, au moyen de hersages nombreux, on la mélange le mieux possible avec la couche supérieure du sol. Si on négligeait cette précaution, et qu'on l'enterrât avec la charrue à toute profondeur, elle se durcirait au fond du labour, comme fait le mortier, sans rien produire de bon.

On emploie aussi la chaux, et même quelquefois les marnes très-calcaires, à fabriquer l'engrais qu'on appelle *compost,* lequel n'est autre chose qu'un mélange de ces deux matières avec des substances végétales et animales de toute sorte, même du fumier dont on facilite ainsi la décomposition. On juge sans peine que cet engrais est très-actif; aussi le mieux est-il de s'en servir sur des récoltes en végétation qui en profitent toujours beaucoup.

Pour le fabriquer on réunit toutes les substances qui doivent entrer dans sa composition, chiendents, sciures de bois, herbes, bruyères, fumier. On fait de chacune plusieurs lits serrés, qui alternent entre eux, et sont séparés de temps en temps par une couche de chaux ou de marne. On couvre ensuite le tour de gazon, et on le laisse sans y toucher jusqu'à ce que les matières les plus difficiles à se pourrir soient à peu près décomposées. Alors on brasse le tas en le mélangeant bien et on le reforme à côté. Il reste encore un certain temps ainsi sans être employé. Le compost aurait plus d'action si on le brassait à plusieurs reprises, cette opération ayant pour résultat d'exposer mieux toutes les particules aux influences de l'air, et de favoriser ainsi la formation de sels très-fertilisants, surtout du salpêtre.

Les cendres de bois agissent de la même manière que la chaux. Celles qu'on a mises à la lessive ont un effet moindre que celles qui n'y ont pas été. On désigne ordinairement les premières sous le nom de Charrée, ce sont les seules que l'agriculture puisse employer, les autres étant beaucoup trop chères. Il est certaines localités où l'on se procure, à très-bas prix, quelquefois même pour rien, des cendres de tourbe qui produisent beaucoup d'effet sur les prairies; j'y reviendrai dans un autre entretien.

Il est une opération agricole dite *Ecobuage*, au moyen de la quelle on fait des cendres par la combustion même de l'humus et des ditritus que renferme le sol. Dans nos contrées, où les terres sont en général pauvres en humus et où le bois est cher, je ne conseillerais l'écobuage, que sur des landes de bruyères absolument stériles, et des quelles on obtient de très-beaux produits par cette combustion.

ADOLPHE. — Mais, mon papa, commment donc se fait-elle?

LE PÈRE. — On sépare avec une bêche recourbée, ou avec une charrue réglée de manière à labourer très-superficiellement la couche supérieure du sol. On réunit ensuite ces gazons en petits tas coniques, les tiges de bruyère se trouvant en dedans. On met le feu à ces tiges par un trou qu'on s'est ménagé à la base du tas. Lorsque tout est consumé, on répand les cendres sur lesquelles on sème pour l'ordinaire du seigle qui réussit parfaitement.

Les amendements dont je t'ai parlé jusqu'ici, ont de l'action sur toutes les espèces de plantes. Ceux dont il me reste à t'entretenir, le plâtre et les cendres sulfureuses, n'ont d'effet que sur certains végétaux agricoles qui appartiennent à la famille des légumineuses (trèfle, vesces, luzerne, lentilles, pois, sainfoin) et à la famille des crucifères (colza, navets, choux). Quoiqu'on ne se soit pas encore bien rendu compte de l'action de ces amendements, on peut conjecturer que, comme ils n'ont d'effet que sur des plantes où l'analyse chimique a découvert du soufre, et qu'eux-mêmes en contiennent, on peut conjecturer, dis-je, qu'ils agissent en fournissant à ces plantes le soufre dont elles ont besoin.

ADOLPHE. — Mais, mon papa, le plâtre, pour peu qu'on en mette, doit-être un amendement fort coûteux.

LE PÈRE. — Non, mon fils, à cause de la petite quantité à employer. Ainsi deux hectolitres sont très-suffisants pour un hectare. Quoique le plâtre agisse aussi bien cru qu'étant calciné, on ne l'emploie d'ordinaire qu'à ce dernier état, parce qu'il est bien plus aisément réduit en poudre fine. Cette poudre est répandue sur les trèfles et autres prairies artificielles, lorsqu'elles commencent à couvrir le sol, et par une belle rosée ; car on remarque que c'est appliquée sur les feuilles, qu'elle a le plus d'action, et que cette action diminue s'il survient trop de pluie.

Les cendres dites de Berup, de Nogent, de Flize qu'on emploie dans une partie des Ardennes de la même façon, semblent agir en outre sur les racines, puisque les pluies n'en affaiblissent pas l'action, qu'au contraire elles l'augmentent peut-être. Comme pour produire, autant d'effet à surface égale, il faut un volume au moins six fois plus grand de ces cendres que de plâtre, l'usage en est moins fréquent dans les contrées qui s'éloignent des lieux où se trouvent les cendrières.

ADOLPHE. — Fait-on usage de ces amendements dans nos contrées?

LE PÈRE. — Oui, mon fils, tu entendras tous nos laboureurs en parler comme d'une chose indispensable aux prairies artificielles. Ils te diront même, et avec raison, que les récoltes subséquentes s'en ressentent aussi : mais alors ce n'est plus le plâtre qui agit, ce sont les nombreux détritus laissés en terres par une prairie artificielle pleine de sève et de vigueur.

ADOLPHE. — Vous aviez raison, mon papa, de me dire que la science agricole était compliquée. Combien de secrets elle renferme, et combien peu de ces secrets sont bien connus.

LE PÈRE. — J'ai cherché à te les faire entrevoir. Reste maintenant leurs applications aux diverses branches de l'agriculture, aux végétaux d'une part, de l'autre aux animaux. Si tu veux continuer ce cours élémentaire, je te les ferai passer en revue rapidement.

ADOLPHE. — Certainement, mon papa. En admettant que je sache tout ce que vous m'avez appris, c'est-à-dire donner de bons labours au sol, le fumer et disposer mes fumiers convenablement, enfin établir une succession de cultures appropriées à la localité, je serais encore fort embarrassé s'il me fallait semer, récolter à propos, et nourrir du bétail. Il convient donc que vous ayez la bonté de rendre complète la série de notions agronomiques dont je souhaite vivement de faire mon profit.

LE PÈRE. — Eh bien! puisque tel est ton désir, je le satisferai volontiers. Nous commencerons par les plantes sarclées; nous passerons ensuite aux plantes fourragères et de celles-ci aux céréales; puis nous terminerons par les diverses sortes de bétail.

SECONDE PARTIE.

CHAPITRE PREMIER.

DES CULTURES SARCLÉES.

ADOLPHE. — A notre dernière promenade, il a été convenu, si vous vous en souvenez, mon papa, que cet entretien aurait pour objet les cultures sarclées.

LE PÈRE. — Je vais tenir ma parole.

Parmi ces plantes, les unes, telle que la pomme de terre, la carotte, la betterave, le houblon, exigent absolument le sarclage, et ne donneraient sans lui qu'un produit insignifiant : d'autres, quoique profitant beaucoup de cette opération, peuvent à la rigueur s'en passer ; ce sont les colza, le navet, la navette, le topinambour. La plupart de ces plantes sont plus ou moins cultivées dans plusieurs de nos contrées ; dans les autres elles ne sont guères connues que de nom, si ce n'est la pomme de terre qui, sans être précisément cultivée en grand, est néanmoins répandue partout.

POMME DE TERRE.

D'ordinaire on la place dans la jachère avec plus ou moins de fumier. On la plante au hoyau sur un seul labour, dans un sol souillé, puis on la sarcle et on la butte à la main. Cultivée d'une manière aussi imparfaite, elle donne encore du bénéfice.

Dans les assolements perfectionnés où les cultures

sarclées occupent le premier rang, où de nombreux engrais leur sont appliqués, aucun soin ne doit être épargné aux pommes de terre. Ainsi, avant l'hiver, il faut défoncer le terrain qu'on leur destine, à une profondeur proportionnée à celle du sol, ainsi qu'à la quantité d'engrais diponibles. Deux labours au printemps suffisent ensuite, le premier pour enterrer le fumier transporté après l'hiver, le second pour planter les tubercules, ce qui se fait parfaitement derrière une charrue.

Deux planteurs appliquent chaque tubercule contre la tranche déjà retournée, et cela de trois raies en trois raies, de sorte que la plantation se trouve en lignes pour le passage de la houe à cheval. On plante les pommes de terre depuis la fin de mars jusqu'à la fin de juin. L'expérience a démontré que les dernières viennent souvent mieux que les premières, qu'elles lèvent plus vite, et souffrent moins des sécheresses de l'été.

Au moment où les pommes de terre commencent à se montrer, un hersage énergique sera très-efficace, en ameublissant la surface du sol, et en détruisant beaucoup de mauvaises herbes qui poussent également alors. Quelque temps après c'est le tour de la houe à cheval, qu'on fait passer ordinairement deux fois dans chaque raie, ayant soin de serrer tour à tour les deux lignes de pommes de terre. Vient ensuite le butteur qui, en jetant la terre sur les plants, favorise le développement des tubercules, étouffe le peu d'herbes parasites qui ont échappées à la houe à cheval, et assure en cas de nécessité l'assainissement du champ, par les nombreuses raies d'écoulement dont il le sillonne.

ADOLPHE. — Tenez, mon papa, voici des gens qui en récoltent avec des bêches et des fourches. N'y aurait il pas un moyen plus expéditif d'exécuter ce travail, lorsque la plantation est en lignes comme vous venez de l'expliquer? Par exemple ne pourrait-on pas retourner chaque rayon de pommes de terre avec la charrue? ainsi mises à la surface, on n'aurait plus, ce me semble, qu'à les ramasser.

LE PÈRE. — Tu as deviné un procédé que j'ai vu en usage en certains pays. Mais dans ces cas, le ramassage exige plus de temps, il est moins complet, de sorte qu'il faut encore, au moyen de hersages soignés, déterrer les tubercules restés enfouis. Dans d'autres contrées on se sert d'un crochet à manche court, avec lequel on déterre, d'un seul coup, un plant de pommes de terre, en le prenant par dessous. Je préférerais cette méthode aux deux autres.

ADOLPHE. — Mais, mon papa, quand on cultive en grand la pomme de terre, ne faut-il pas des caves immenses pour mettre la récolte à l'abri de la gelée qui, je crois, la détruirait sans cela?

LE PÈRE. — Pour préserver les pommes de terre de la gelée, aussi bien que pour conserver les autres racines, on pratique ce que l'on nomme des silos. Il faut pour cela creuser le sol d'environ un pied. On place les pommes de terre dans la cavité, en élevant le tas aussi haut que possible, à peu près comme on dispose les boulets de canon dans un arsenal; on recouvre ensuite ce tas d'un peu de paille et d'un pied de terre, qu'on trouve sous sa main, en creusant un fossé autour du silos, lequel est ainsi préservé de l'humidité et du froid.

La pomme de terre est une excellente préparation pour toute espèce de grains de printemps; mais c'en est une mauvaise pour les grains d'automne. Trois cents hectoliltres par hectare sont une recolte moyenne. Sa valeur nutritive, pour les bêtes à cornes, est d'environ moitié moindre que celle du meilleur foin à poids égal. Tu entendras dire dans ce pays que la pomme de terre pourrit les bêtes à cornes, c'est un pur préjugé; elle est une des meilleures nourritures qu'on puisse leur donner, soit cuite, soit crue. Elle convient également aux cochons qui, toutefois, s'en dégoûtent promptement lorsqu'on la leur donne crue. En cet état, ils préfèrent de beaucoup la betterave et la carotte.

BETTERAVES ET CAROTTES.

ADOLPHE. — Je le crois. Deux racines dont on tire du sucre doivent être bien plus de leur goût. Je serais tenté de supposer aussi qu'elles sont plus nutritives.

LE PÈRE. — C'est une erreur, elles le sont moins à poids égal. La carotte cependant convient beaucoup aux chevaux, et toutes deux au bétail à cornes, ainsi qu'aux moutons. Leur culture, celle de la carotte surtout, demande encore une meilleure préparation, des labours plus profonds, des sarclages plus soignés et un sol plus riche que la pomme de terre.

Semées en lignes au moyen du semoir et cultivées avec la houe à cheval, les betteraves veulent être éclaircies et houées à la main dans les lignes.

Les carottes exigent un premier esherbage très-minutieux, lorsqu'elles n'ont encore que deux feuilles, et un sarclage au hoyau quelque temps après. Il est indispensable qu'au moment de les semer, la terre soit dans un parfait état d'ameublissement : de plus, la graine doit être frottée fortement afin de perdre ses barbes ; enfin, après le semis, il faut rouler le champ avec soin. Malgré ces précautions, les carottes lèvent quelquefois très-lentement et d'une manière imparfaite. En revanche, quand elles réussissent, elles donnent des produits presqu'incroyables, et bien au-dessus de celui de la pomme de terre.

PANAIS.

Le panais peut être aussi semé en grand ; il exige les mêmes cultures que la carotte, et je crois un sol encore plus riche. Avec ces conditions il fournit une récolte à peu près semblable. Sa graine lève plus aisément que celle des carottes, et n'a pas comme elle le défaut de se déposer en paquet. Sa racine convient de même à toute sorte de bétail.

Les carottes, betteraves, panais sont une excellente préparation pour le blé d'automne.

Il est une autre plante à tubercules, précieuse par sa rusticité : c'est le topinambour.

TOPINAMBOUR.

ADOLPHE. —Je crois en avoir vu dans votre jardin. N'a-t-il pas à peu près le même port que le tournesol ?

LE PÈRE. — Justement. Cette plante, dont les produits sont abondants, est en quelque sorte vivace. Elle croît toujours sans, pour ainsi dire, épuiser le sol, parce que sans doute, au moyen de ses grandes tiges et de ses larges feuilles, elle tire sa principale nourriture de l'atmosphère. De plus, ses tubercules ne craignent pas la gelée, de sorte qu'on peut ne les recueillir qu'après l'hiver, si on le juge à propos. La culture du topinambour est aussi des plus simples : elle consiste à labourer vers le mois d'avril un champ déjà récolté, cette plante vivace s'y reproduira spontanément des tubercules oubliés, et donnera l'année d'après de nouveaux produits.

ADOLPHE.— Ce que vous me dites du topinambour, mon papa, devrait le faire estimer beaucoup, si ses racines peuvent servir de nourriture aux bestiaux.

LE PÈRE. — Quoique moins substantielles que la pomme de terre, elles conviennent cependant à tous les animaux, le cheval excepté. Les moutons sont très-avides de sa tige quand elle est jeune; mais si on la leur laisse pâturer, on diminue considérablement le produit en racines. J'ajoute même que le meilleur moyen de détruire un champ de topinambours, c'est de raser cette plante lorsqu'elle est jeune encore. On a ensuite le temps de semer de l'orge.

Telle est la marche à suivre quand on place le topinambour en tête d'assolement, comme plante sarclée, circonstance où l'on obtient souvent des produits supérieurs à ceux de la pomme de terre : dans ce cas les procédés de culture sont les mêmes que pour celle-ci.

NAVETS ET RUTABAGAS.

L'agriculture possède encore deux sortes de racines ; ce sont les navets et les choux-navets ou rutabagas.

On a souvent désigné les premiers sous le nom de raves, quoique pourtant ce ne soit nullement la même plante que la grosse rave cultivée dans nos jardins, et dont le goût est si piquant.

Les navets se distinguent des choux-navets ou rutabagas, par une feuille d'un vert moins glauque, par une végétation plus prompte ; leurs racines plus tendres et moins sucrées n'atteignent pas non plus le même développement. On ne peut les repiquer sans danger, tandis que le rutabaga ne souffre pas de la transplantation.

On sème d'ordinaire les navets en seconde récolte, vers le mois d'août, quelquefois sur des céréales, le plus souvent sur des récoltes fourragères, telles que la vesce d'automne et le seigle. On ameublit la terre le mieux possible et on jete la graine à la volée. Le navet demande, pour réussir, un sol passablement riche et une température favorable. On aurait tort d'en faire une culture capitale, attendu qu'il manque souvent. Tous les bestiaux, hormis le cheval, en sont avides. Les moutons les aiment tant qu'ils savent fort bien les déterrer, et qu'on peut ainsi les leur faire consommer sur place.

Je conseillerais peu la culture des rutabagas dont

néanmoins les produits sont par fois magnifiques; mais leur végétation étant plus lente que celle du navet ordinaire, ils ne peuvent être comme lui semés en seconde récolte. Placés, d'autre part, en tête d'assolement, comme culture capitale, ils deviennent trop chanceux à cause du ravage des insectes.

ADOLPHE. — De quels insectes voulez-vous donc parler, mon papa ?

LE PÈRE. — Ils sont de plusieurs espèces qui toutes dévorent les plantes de la famille des raves et des choux, le plus commun et le plus nuisible est le tiquet ou puce-noiré qu'on voit envahir par myriades les champs de crucifères. Ces champs sont aussi dévorés, quelque fois, par une petite chenille noire qu'on voit également sur l'aune. Les pucerons proprement dits réduisent notablement les récoltes de navette et de colza, en s'agglomérant autour des fleurs. Enfin de grosses chenilles nuisent beaucoup à la croissance des choux dont elle dévorent les feuilles.

ADOLPHE. — Tenez, mon papa, voilà un champ de ce légume. Je ne croyais pas qu'on fît venir le choux ailleurs que dans les jardins.

LE PÈRE. — Tu étais dans l'erreur : Il existe des contrées où certaines espèces de choux sont cultivées comme fourrages d'hiver pour les bestiaux. C'est une culture fort digne d'intérêt. Toutefois ce que tu me montres n'est autre chose que le colza d'automne, lequel, à vrai dire, est le choux dans son premier état. On le recherche pour l'huile qu'on tire de sa graine. Les autres choux ne sont que des variétés de celui-là. Etant semé ici à la volée, comme tu vois, il ne sera pas possible de le sarcler. Néanmoins si le sol est bon et bien préparé, il pourra donner un produit avantageux; mais ce produit eut été, bien plus considérable par l'effet du semis en ligne et du sarclage à la houe à cheval.

Le colza est véritablement une plante sarclée qui peut faire tête d'assolement, toutefois comme il est très-épuisant, il ne doit être cultivé que sur des sols riches ou déjà améliorés. On le sème en lignes avec le semoir dans le courant de juillet, sur une terre nettoyée, fumée, ameublie, ou bien à la volée en pépinière, et on le repique ensuite à la charrue. Pour cela on place les plants entre la balance des chevaux et le versoir, de sorte qu'ils se trouvent enterrés immédiatement sans avoir été dérangés.

Outre le sarclage à la houe à cheval, qui se donne toujours avant l'hiver, on est souvent obligé de sarcler à la main dans les rayons pour espacer convenablement les pieds de colza, lesquels viendront d'autant mieux qu'ils seront plus isolés et se gêneront moins mutuellement; car ils produisent par le bas des branches qui forment comme autant de pieds séparés et se couvrent de siliques sur une grande longueur. Lorsqu'au contraire les plants sont serrés, ce qui a lieu dans ce champ que nous voyons, et en général dans tous les semis à la volée, les tiges minces, étiolées, sans branches, ne sont garnies de fleurs qu'à la sommité.

Le colza demande pendant l'hiver un assainissement complet; la moindre humidité lui est mortelle. Semé en juillet, comme je te l'ai dit tout-à-l'heure, on le récolte à peu près à la même époque l'année suivante. Bien qu'il n'occupe véritablement la terre qu'un an, il ne permet néanmoins que peu de cultures dans le surplus des deux campagnes, à chacune desquelles il prend une moitié. Il est précédé quelquefois d'un fourrage de seigle ou de vesce d'automne. Après qu'on l'a récolté, il convient de herser fortement le champ, pour faire lever toutes les graines tombées. La terre se couvre bientôt d'un nouveau colza qu'on enfouit ensuite comme engrais végétal.

La récolte de colza demande des soins nombreux, en raison de la facilité avec laquelle il s'égraine. On doit le couper à la faucille au moment où les graines commencent à noircir. On le laisse encore mûrir un peu sur place, et on le transporte en grange dans des chariots garnis de toile, ou bien on le bat au champ, sur des aires, où on l'apporte avec des civières également garnies. Comme la graine s'échauffe avec facilité, il faut l'étendre d'abord en couches minces qu'on remue souvent.

ADOLPHE. — Je présume que le colza doit produire beaucoup pour payer tous les frais qu'il occasionne.

LE PÈRE. — Quand il réussit, il les paie plus que toute autre culture, puisqu'il rend jusqu'à 26 hectolitres par hectare.

Il est une autre sorte de colza qu'on sème au printemps et qu'on récolte quelques mois après. Plus chanceux et moins productif que le colza d'automne, il demande également un sol riche et bien préparé.

On ne doit pas confondre ces deux variétés avec la navette qui est le navet dans son état primitif. Elle se distingue du colza par ses feuilles d'un vert moins glauque. Ce que je disais tout-à-l'heure de la culture du colza d'automne, s'applique à la navette d'automne, seulement on peut la semer sans inconvénient un peu plus tard, et sur des sols de moindre qualité. Elle occupe la même place dans les assolements. Sa graine a moins de valeur que celle du colza.

La navette dite d'été est très-remarquable par la promptitude de sa végétation. On la sème d'ordinaire à la fin de juin, et elle est mûre au milieu de septembre. Elle n'exige pas un sol très-riche, mais une terre bien fumée, bien ameublie et une saison favorable, dernière condition sans laquelle elle manque, ce qui est assez fréquent. Quand elle réussit, elle donne par hectare 12 hectolitres d'une graine inférieure à celle du colza. Dans les asssolements sa place doit-être comme récolte intermédiaire, entre un fourrage semé l'année d'avant et une céréale d'automne. On la sème au semoir ou à la volée. Cette dernière méthode offre moins d'inconvénient dans ce cas que pour les autres plantes de la même famille, parce que, si la navette réussit, elle vient plus vite que les mauvaises herbes, et que, si elle ne réussit pas, on la fait pâturer pour cultiver le sol immédiatement. Quand on l'enterre au lieu de la récolter en grains, elle forme un excellent engrais végétal.

ADOLPHE. — C'est sûrement cette plante, mon papa, dont nous avons vu dernièrement de si beaux champs aux environs de Verdun.

LE PÈRE. — Oui: on la cultive en grand dans une partie du département de la Meuse, où elle forme un produit très-important, et où elle précède le blé sur la jachère avec fumure. Les terres où cette rotation se pratique étant éminemment calcaires, son peu susceptibles de se souiller, en sorte qu'on a tout le temps de les bien cultiver avant de semer la navette. Mais comme cette plante est fort épuisante, elle ne peut faire avec succès partie d'une telle rotation que sur un sol riche et toujours avec d'abondantes fumures.

PAVOT.

Il ne faut pas oublier parmi les plantes sarclées le pavot qui réclame le terrain le meilleur. On doit choisir, pour sa culture en grand, une variété dont les têtes ne s'ouvrent pas spontanément à la maturité. On le sème au printemps, le plus tôt possible, sur une terre bien ameublie, à la volée ou au semoir; on l'éclaircit à la main dès qu'il est levé, et on le sarcle ensuite encore

une fois. Les pieds doivent être à six pouces les uns
des autres. Le pavot se récolte en même-temps que le
blé. On coupe à la faucille ou on arrache les tiges qu'on
place dans un lieu couvert et aéré, pour en achever la
dessication. Le mieux, ensuite est de faire ouvrir les
têtes une à une, et de les vider en les secouant. Quand
on les bat au fléau, il entre dans la graine des portions
de capsules qui sont somnifères et vénéneuses.

CAMELINE ET MOUTARDE NOIRE.

La cameline et la moutarde noire qu'on voit croître
spontanément, la première dans le lin et la seconde dans
tous les sols marneux, se cultivent aussi pour leur
graine. Elles sont moins difficiles que les autres sur le
choix du terrain. Mais la cameline ne donne jamais un
produit considérable, et la moutarde noire a le défaut
de souiller le sol qui la reçoit. Comme toutes les plantes de même nature, elles produisent bien plus semées
au semoir et sarclées, que quand elles ont été seulement
répandues à la volée.

MOUTARDON.

Il est encore une plante tout à la fois oléagineuse et
fourragère, c'est la moutarde blanche ou moutardon,
qui demande un terrain bien amendé. On la sème pour
graine au printemps. Elle est peu exposée aux ravages
des pucerons et autres insectes. Les oiseaux mêmes ne
sont pas avides de sa graine, laquelle est moins abondante, toutes choses égales d'ailleurs, que celle de la
navette, et n'est pas riche en huile. Cette huile est,
du reste, de bonne qualité.

Tout considéré, le principal mérite du moutardon,
c'est de pouvoir être semé dans l'été, pour donner en
automne un fourrage tardif des plus copieux et des
meilleurs. Dans ce cas, on le sème à la volée passable-

4

ment dru, ordinairement c'est en seconde récolte sur un chaume de vesce, de seigle ou de trefle incarnat.

En terminant ce qui concerne les plantes oléagineuses, je crois devoir insister encore d'une manière générale sur ce point, savoir que la culture de ces plantes, épuisant fortement le sol sans produire d'engrais, ne doit être introduite dans les rotations, que quand la terre est très-riche de sa nature ou améliorée depuis long-temps. Ce sont les racines qui, dans les contrées moins favorisées, doivent faire d'abord la base des assolements comme cultures sarclées puisqu'elles rendent de fortes masses d'engrais.

Bien que la cardère, la gaude et le houblon ne soient jamais d'une culture fort étendue, je ne puis me dispenser de t'en dire ici deux mots pour compléter ma nomenclature des plantes sarclées.

GAUDE.

Tu sais que la gaude fournit une teinture jaune. Elle semble peu difficile sur le choix des terrains, se développant davantage dans ceux qui sont frais, et produisant plus de matières colorantes dans ceux qui sont sabloneux et secs. On la sème à la fin de l'été, à la quantité de quinze kilogrammes par hectare. Elle veut être enterrée très-superficiellement. On la sarcle au printemps. Lorsque la tige commence à jaunir, ce qui a lieu vers le mois d'août suivant, on l'arrache, on la sèche et on la livre au commerce.

HOUBLON.

Le houblon exige d'abondants engrais et de nombreuses cultures. De plus il lui faut de grandes perchés de 15 à 18 pieds de hauteur. Comme la vigne il peut occuper le sol indéfiniment. Pour établir une houblonnière, il convient de choisir une place éloignée de la poussière des grandes routes, et un peu abritée du vent du nord, sans être privée de la libre circulation de l'air. Un sous-sol perméable, sans être nécessaire au houblon en assure pourtant la réussite. Le terrain doit être défoncé, nettoyé parfaitement et largement fumé au printemps. On plante les œilletons de houblon à six pieds de distance en quarré, laissant au-dessus du sol quatre yeux, que l'on recouvre ensuite de terre en formant un petit monticule.

Lorsque la mauvaise herbe commence à pousser, on houe toute la houblonnière. C'est aussi le moment de mettre les perches qu'on place dans un trou fait d'avance avec un pieu de fer. Au commencement de juillet on butte le houblon. On reconnaît qu'il est mûr à sa couleur brune. On coupe alors près de terre ses tiges que l'on emporte avec les perches, pour effectuer la cueillette des têtes qu'on étend ensuite dans un grenier aéré où elles achèvent leur dessication, après quoi on les emballe pour être livrées au commerce.

CARDÈRE.

La cardère-à-foulon différente de la cardère-sauvage, en ce qu'elle a de petits crochets au bout de ses barbes, est une plante bisammelle que tu connais sans doute?

ADOLPHE. — Oui, mon papa, c'est ce que les enfants appellent peigne de loup. Nous en avons vu des champs aux environs de Metz et de Sedan.

LE PÈRE. — C'est cela même. On sème la cardère au printemps dans une terre bien meuble et bien fumée. Au mois de juillet on la repique, en espaçant les plants d'un à deux pieds. La première année ils ne s'élèvent pas en hauteur. L'année suivante ils poussent des tiges de cinq à six pieds sur lesquelles on ne doit conserver que peu de têtes qu'on coupe quand les fleurs sont épanouies. Ces têtes une fois séchées servent ensuite dans les fabriques de lainage à peigner certains tissus.

Je crois avoir terminé ma tâche pour aujourd'hui. Regagnons le logis, car l'obscurité va nous ôter la vue des objets qui nous environnent.

CHAPITRE II.

DES PRAIRIES ARTIFICIELLES.

TRÈFLE.

LE PÈRE. — Nous commencerons, mon ami, cet entretien sur les plantes dont se forment les prairies artificielles, par le trèfle qui est celle de ces plantes la plus généralement répandue, et, par conséquent, celle qui offre le plus d'intérêt. Approchons-nous du fermier que je vois dans ce champ à deux pas.

Eh bien! Simon, vous terminez votre récolte de seconde coupe de trèfle que les dernières pluies ont contrariées?

SIMON. — Oui, monsieur.

LE PÈRE. — Vous avez eu lieu d'être satisfait de l'abondance de ce fourrage, et vous ne regrettez pas, je pense, d'avoir enfin suivi le conseil que je vous ai donné si souvent, d'en semer plus que vous ne faisiez d'abord.

SIMON. — Non, monsieur, j'ai obtenu cette année beaucoup de mes trèfles, bien qu'ils aient manqué dans les parties où j'en avais déjà mis il y a trois ans.

LE PÈRE. — En cela vous avez agi directement contre mes avis. Je vous avais averti que le trèfle reparaissait trop vite sur les points dont vous parlez, nul doute qu'ils ne soient aujourd'hui pleins d'herbes, et que le blé n'y manque également.

SIMON. — Dorénavant je ne sèmerai en prairies artificielles que la moitié de ma jachère et cela alternativement, de sorte que mes terres se reposeront tous les six ans.

LE PÈRE. — Tu le vois, mon fils, Simon reconnaît par l'expérience la vérité de ce que je lui avais dit, et de ce que je t'ai dit aussi, que la culture des prairies artificielles, qui offre de si grands avantages, doit être limitée dans l'assolement triennal. Dans les assolements alternes, au contraire, on ne saurait, pour ainsi dire, trop l'étendre : elle y est toujours une source de prospérité. Bien entendu qu'il ne faut jamais perdre de vue les principes d'assolement d'après lesquels nulle plante ne peut revenir trop tôt sur le terrain qu'elle a déjà occupé, ainsi le trèfle dont il s'agit en ce moment ne doit reparaître sur une terre que tous les quatre ans au plus.

Dans les rotations alternes il est placé le plus souvent après la céréale qui succède à la culture sarclée; on le sème au printemps de l'année d'avant dans cette céréale, avec un hersage léger ou même sans hersage. Quand c'est une céréale d'automne, on peut le répandre l'hiver sur la neige. Bien qu'il soit possible de le semer jusqu'en juin, toute fois il est de règle que plus on s'y prend de bonne heure, plus sa réussite est assurée. 22 à 25 kilogrames de graine par hectare ne sont pas trop. Une fois semé le trèfle n'exige plus de soins : le passage d'un rouleau quelque temps après qu'il est levé, et d'une herse à dents de fer au printemps de l'année suivante, ne peut cependant que lui être profiitable.

ADOLPHE. — Sûrement, mon papa, vous n'oublierez pas de me parler de plâtrage?

LE PÈRE. — Je vois avec plaisir que tu t'en souviens toi-même. On fait cette opération quelque temps
après le hersage que je viens d'indiquer, lorsque le
trèfle couvre bien la terre, et le plus possible par une
petite pluie ou sur une belle rosée.

Le trèfle s'accommode mieux des sols argilosiliceux
que de tout autre. Dans les terrains argileux et calcaires,
la gelée le fait souvent sortir de terre, et de plus il s'y
enracine moins aisément.

Lorsque, par une cause quelconque, un trèfle est
manqué en partie, il ne faut jamais le conserver,
attendu qu'en même temps qu'on n'en aurait qu'un
produit chétif, le sol se souillerait au point de devenir
impropre à toute culture, si elle n'était précédée d'une
jachère. Quand donc un trèfle n'est pas bien levé, on
peut le remplacer par une vesce d'automne, ou par le
trèfle incarnat dont je te parlerai tout-à-l'heure. S'il
a été déraciné par l'hiver, la vesce de printemps peut
seule lui être substituée.

Autant un laid trèfle est une mauvaise préparation
pour toute culture, autant un trèfle épais et vigoureux
assure la réussite des grains qui lui succèdent, en
étouffant toute herbe parasite, et en laissant dans le sol
de nombreux détritus. D'un autre côté, ses racines pé-
nétrant à une grande profondeur, rendent les terres qui
retiennent l'eau bien plus perméables, et la réussite des
grains d'automne en devient moins incertaine.

Le trèfle donne après la moisson de la céréale sur laquelle il est semé, un excellent pâturage, quelquefois
même une coupe prématurée, lorsque des pluies chaudes en accélèrent la végétation. L'année d'ensuite il
produit deux coupes : On ne doit jamais compter sur
la troisième qui peut arriver néanmoins dans d'heu-
reuses circonstances: souvent la seconde est plus belle
que la première. Comme les fleurs de cette seconde pâ-

riode nouent toujours le mieux, c'est d'elles qu'on prend la graine, en choisissant les portions les plus propres et non pas les plus épaisses. Le trèfle en graine doit-être remis très-sec. On le bat, ou simplement en tête, ou de façon à faire sortir les graines de leurs capsules. Cette dernière opération qui exige beaucoup de travail, n'est nécessaire que pour la graine à livrer au commerce. Quand on le sème en têtes, il lève tout aussi bien, seulement on doit le semer plus épais, à cause de la difficulté qu'on a de le répandre aussi également.

Le trèfle, dans ses deux coupes principales, peut donner jusqu'à six cents quintaux métriques et plus par hectare. Il convient de le faucher au moment où la plupart des fleurs sont écloses, plus tôt il perdrait trop à la dessication, plus tard il durcirait et n'aurait pas la même saveur.

Quand il s'agit de le sécher, au lieu de le répandre comme on fait le foin, et de le remuer au rateau, ce qui détacherait une grande partie des feuilles en pure perte, le mieux est de laisser les andains se sécher d'eux-mêmes, et de les retourner une fois s'ils sont trop épais, après quoi on les amasse en petits tas. En cet état le trèfle achève bientôt sa dessication. On fait ensuite des tas plus gros pour être chargés, ou mieux, on les lie en bottes immédiatement.

Dans les temps pluvieux une autre façon de sécher promptement le trèfle, c'est de l'amonceler quoiqu'encore tout vert, en gros tas coniques, qu'on laisse s'échauffer par la fermentation jusqu'à ce qu'on n'y puisse plus tenir la main; alors on le répand, et la dessication s'opère en peu d'heures.

ADOLPHE. — Mais, mon papa, le fourrage ne contracte-t-il pas un mauvais goût par ce procédé?

LE PÈRE. — Si on le laissait trop longtemps en tas,

oui, mais quand il est répandu au point convenable de la fermentation, il a, au contraire, un goût mielleux qui le rend agréable aux bestiaux.

Tout ce que je viens de dire pour la dessication du trèfle, s'applique également aux luzerne, sainfoin, vesce et lupuline.

Le trèfle est un des meilleurs fourrages qu'on puisse donner en vert aux bestiaux, cependant on doit en user d'abord avec précaution, attendu que dans l'estomac des bêtes qui n'y sont pas habituées, il produit en se décomposant beaucoup de substances gazeuses qui, ne trouvant pas d'issue, gonflent l'estomac, au point d'amener la suffocation et la mort.

Les remèdes les plus efficaces contre ce mal qu'on appelle gonflement, sont l'ammoniac, l'éther, le chlorure de chaux. Lorsque malgré l'emploi de ces substances, le mal fait toujours des progrès, on ne doit pas hésiter à percer l'estomac au flanc gauche avec un trocard, ou, si l'on n'a pas cet instrument, avec une lame tranchante. On introduit ensuite dans l'ouverture un tube, pour donner issue aux gaz qui s'échappent alors. Ainsi l'animal est sauvé, et l'ouverture ne tarde pas à se fermer d'elle-même.

Le trèfle qui est une plante vivace peut subsister deux et même trois années sur un champ ; mais, dans ce cas, la terre se souille presque toujours beaucoup, et exige au moins, une demi jachère. Le trèfle enterré en fleurs à sa seconde pousse est un excellent engrais végétal, le meilleur peut-être, surtout pour les sols qui se rebatent, et que les racines de cette plante tiennent soulevés.

ADOLPHE. — Voyez donc, mon papa, comme ce champ est couvert de trèfle blanc, y a-t-il été semé?

TRÈFLE BLANC.

LE PÈRE — Je ne le pense pas. Ce trèfle croît par-

, fois spontanément d'une manière presque incroyable , et offre un pâturage de première qualité. En certains pays on le sème uniquement dans le but d'obtenir ce pâturage, surtout pour les moutons. Quand le sol lui convient , il atteint souvent assez de hauteur pour être fauché:

TRÈFLE INCARNAT.

Une autre espèce de trèfle fort digne d'intérêt, c'est le trèfle incarnat ou farouche. Il ne donne qu'une coupe d'un fourrage de qualité inférieure à celui du trèfle rouge, mais il est précieux, en ce qu'on peut le semer encore après la moisson quand l'autre trèfle a manqué, et en outre, parcequ'il est fauchable et bien fleuri au moins quinze jours avant lui. On le sème sur un hersage vigoureux , si la terre est de nature à se laisser entamer par la herse, et par un léger labour si le sol est trop dur. Comme on le fauche à la fin de mai ou au commencement de juin, il est encore temps de mettre sur le même champ de la vesce de printemps, de la navette , du sarrazin, des navets, ou bien de le disposer à recevoir du colza d'automne.

LUPULINE.

En fourrage du même genre que le trèfle, nous possédons encore la lupuline, ou minette, ou trèfle jaune, qu'on voit croître spontanément dans les terrains marneux. Cette plante moins rustique que le trèfle, donne souvent sur les sols de cette nature des produits très-abondants et très-convenables aux moutons qu'ils ne météorisent pas comme fait le trèfle. On n'en obtient du reste qu'une coupe. On sème la lupuline dans une céréale au printemps, a raison de vingt à vingt-cinq kilogrammes de graine par hectare. Cette graine, d'une récolte facile, se vend la moitié moins chère que celle du trèfle.

4

ADOLPHE. — Ce que nous voyons dans ce champ, à gauche est de la luzerne, si je ne me trompe?

LUZERNE.

LE PÈRE. — C'en est effectivement. Cette plante qui doit occuper un des premiers rangs parmi celles dont on forme les prairies artificielles, ne peut réussir que sur des terrains calcaires à sous sol perméable. Elle persiste plusieurs années dans ces terrains, en même temps qu'elle égale en produits les meilleures prairies naturelles : de plus, le sol au défrichement se trouve amélioré sensiblement, ce qui le rend propre à des productions qu'on n'y aurait pas obtenues auparavant. On devrait donc étendre, autant que possible, la culture des luzernes sur les terres qui leur conviennent.

SAINFOIN.

J'en dois dire autant du sainfoin, plante de la même famille, moins difficile pour le choix de la terre, mais moins productive, puisqu'elle ne donne qu'une coupe, et que la luzerne en fournit jusqu'à trois. Le sainfoin, du reste, enrichit égalemnt le sol où il végète, sol qui peut être des plus aride.

Ces deux légumineuses se sèment d'ordinaire dans l'orge. Pour en assurer la reussite, la terre doit avoir été nettoyée de toute herbe vivace, et labourée profondément. Une légère fumure appliquée superficiellement à la plante, la première année avant l'hiver, influe d'une manière sensible sur la beauté future de la prairie. La luzerne et le sainfoin durent quelquefois jusqu'à dix années. Les prairies artificielles formées de ces deux plantes n'ont atteint leur entière vigueur, que trois ans après le semis. Le plâtrage a sur elles la même action que sur le trèfle. Des hersages vigoureux donnés au printemps leur font aussi un bien notable. Enfin pour ménager leurs forces, il faut les faucher jeunes, quand toutes les fleurs ne sont pas encore écloses, et ne récolter de graine que peu de temps avant le défrichement. Une fois qu'elles ont occupé un sol, elles ne peuvent y bien réussir ensuite qu'aubout de sept à huit ans.

Une luzernière placée en bonne condition, et en plein rapport, peut donner dix mille kilos de foin par hectare. Le sainfoin n'en produit guère que trois à quatre mille. Les quantités de semence à employer, sur cette même étendue de terre, sont, pour la luzerne, de vingt à vingt-cinq kilog., et, pour le sainfoin, de quatre à cinq hectolitres. Remarques-tu dans ce champ, près de nous, une petite plante qui y abonde, avec ses feuilles en couronne ou verticillées?

ADOLPHE. — Oui, mon papa, voici des moutons qui en paraissent bien avides.

SPERGULE.

LE PÈRE. — Cette plante est la spergule à l'état sauvage. Un peu perfectionnée par la culture, elle atteint plus de hauteur que tu ne lui en vois ici, ce qui permet de la faucher. Elle est, du reste, très-nutritive sous peu de volume, et singulièrement recherchée de tous les bestiaux. Elle a la faculté de croître en très-peu de temps, de sorte qu'un champ peut, dans une année, la produire trois fois, dont la dernière en graine. Elle se plait dans les sols argilosiliceux où elle forme aussi un excellent engrais végétal. Elle demande, au moment du semis, un ameublissement parfait. Vingt kilog. de graine suffisent pour un hectare.

CHICORÉE SAUVAGE.

Je ne dois pas omettre la chicorée sauvage, l'une des prairies artificielles qui donnent le plus, quand elle est bien cultivée. Cette plante vivace, susceptible d'occuper le sol plusieurs années, exige un terrain riche, profond, ameubli. Une culture sarclée, un sous sol calcaire et perméable sans lui être indispensables, assurent néanmoins la réussite de cette plante qu'on sème au printemps sur le pied d'environ vingt-six kilogrammes par hectare, en l'enterrant très-peu. Des fumures superficielles, appliquées de temps en temps, augmentent sensiblement son produit, et prolongent sa durée, qui peut être de six à huit ans. Au défrichement le champ se trouve fortement amélioré. La chicorée donne trois et quatre coupes de fourrage vert de première qualité : il faut avoir soin de la faucher un peu avant la fleur. Enfin, c'est avec sa racine séchée et moulue qu'on fabrique, dans les pays-bas et en Allemagne, cette préparation connue sous le nom de café-chicorée.

PASTEL.

Si l'on excepte cette dernière plante, toutes celles que nous venons de passer en revue ne sont utiles que par leur tige, et uniquement comme prairies artificielles. Il en est encore une autre qui, depuis l'introduction de l'indigo, peut-être rangée simplement dans la catégorie des plantes fourragères, c'est le pastel dont la couleur bleue est maintenant dédaignée, mais qui offre encore de l'utilité comme fourrage très-précoce et très-convenable aux moutons. On le sème au mois d'août sur un bon sol bien ameubli, et il est propre à pâturer au mois d'avril suivant.

J'ai maintenant à t'entretenir de plusieurs autres plantes qu'on cultive soit pour leur foin, soit pour leur grain. Ce sont la vesce, le pois, la lentille, la féverole, le seigle et le sarrazin.

VESCE.

Il existe deux variétés de vesce, celle d'automne et celle de printemps; toutes deux se plaisent dans les sols argileux et argilosiliceux : elles ne donnent qu'une coupe. La vesce d'automne veut être semée de bonne heure comme le seigle. Elle est précieuse en ce qu'elle se fauche quinze jours avant le trèfle ordinaire. On mélange sa graine de blé ou de féveroles d'automne, pour soutenir ses tiges qui ramperaient sans cet appui. On met de même de l'avoine ou de l'orge dans la vesce de printemps. Cette dernière peut-être semée depuis mars jusqu'en juin, comme fourrage.

Sur deux champs d'égale beauté, une coupe de vesce ne vaut jamais une coupe de trèfle ; mais peut-être lui est-elle supérieure en qualité. La vesce enfouie en fleur est un excellent engrais végétal. Une fois fauché, un champ de vesce doit être labouré immédiatement ; si on tardait, il se couvrirait d'herbes fort difficiles à détruire ensuite. Aussi entendras-tu souvent dans ce pays accuser la vesce de souiller le sol : ce qui le souill , c'est l'incurie du cultivateur ou son impuissance avec des charrues trop peu énergiques à rompre un sol durci.

La graine de vesce, échauffante pour les chevaux, est excellente pour l'engraissement des porcs ; elle conserve plusieurs années ses facultées germinatives, de même que celles de trèfle, luzerne, sainfoin, et autres graines rondes comme pois, lentilles, féveroles. La vesce rapporte de douze à seize hectolitres par hectare, et se sème pour la même étendue de terre à raison d'un hectolitre et demi de graine pure mêlé d'un demi hectolitre de blé et de féveroles pour la vesce d'automne d'orge, et d'avoine pour celle de printemps.

POIS.

Le pois est moins rustique que la vesce. Il se plaît surtout dans les terres rouges et argileuses. Son fourrage vert est de première qualité. Son produit en grains est très-irrégulier : quelquefois il ne rendra que la semence, tandis qu'une autre année il produira jusqu'à

quinze hectolitres par hectare. On le sème au printemps
sur une terre assez bien préparée; la température fait
le reste. Le pois vert et même le pois sec, lorsqu'ils
cuisent bien, sont très-recherchés pour la nourriture de
l'homme, et sont par conséquent, aux environs des
villes, d'un débit avantageux. Comme la vesce, le pois
sec est trop échauffant pour les chevaux, mais il convient
parfaitement aux porcs. Sa paille ainsi que celle de la
vesce a peu de qualité.

LENTILLE.

La lentille a ses variétés d'automne et de printemps.
La première réussit mieux dans les sols argileux; on
la sème avec du seigle pour la soutenir : elle donne un
fourrage des plus abondants et des meilleurs. Celle de
printemps est surtout cultivée pour sa graine, qui est
l'un de nos légumes les plus estimés, comme tu sais.
Elle aime un sol argilosiliceux et frais. On la sème d'ordinaire sur deux ou trois labours, dans une terre de
bonne qualité, à raison d'un hectolitre par hectare. La
récolte s'en fait à la faux. La paille de lentille a autant
de valeur, comme fourrage, que les meilleurs foins. On
sème quelquefois les lentilles en lignes avec le semoir,
pour avoir la facilité de les sarcler. Ainsi cultivées,
elles produisent plus et nétoient le sol.

FÉVEROLE.

Il en est de même de la féverole. On la sème ou
comme fourrage, et le plus souvent alors mêlée avec
d'autres plantes telles que vesces, pois, etc. ou pour
sa graine, et, dans ce dernier cas, à la volée ou en
lignes. Le second moyen me semble préférable, car les
féveroles bien espacées étendent leurs branches comme
le colza, et sont toujours bien plus grainées.

Les féveroles levant très-facilement et perçant même

les sols les plus tenaces, on peut, pour obtenir l'aligne-
ment, les placer dans une raie de charrue. On laisse
ensuite deux raies sans semer, comme pour les pommes de terre. Les féveroles espacées ainsi peuvent
très-bien être cultivées à la houe à cheval, ensuite elles
s'étendent au point que la terre se trouve absolument
couverte pour l'instant de la récolte.

On les coupe à la faucille, puis on les laisse sécher
sur le champ. On peut les semer en automne et au
printemps. Les terres argileuses paraissent leur convenir le mieux. Elles sont toujours une excellente préparation pour le blé. Le fourrage de la féverole est de
première qualité. Il est entendu que, pour en produire,
elle doit être semée épaisse, à la volée, afin que ses tiges
s'étiolent et soient plus tendres. Sa graine concassée ou
détrempée dans l'eau convient très-bien aux chevaux,
aux cochons et aux bœufs à l'engrais.

SARRAZIN.

Comme je traiterai le seigle avec les céréales, je
passe immédiatement au sarrazin qu'on nomme aussi
blé noir. Je ne sais si tu te souviens d'en avoir vu?

ADOLPHE. — Oui, mon papa, on le cultive en
Champagne, c'est là que je l'ai remarqué. Ses fleurs
nombreuses, d'un blanc nuancé d'un peu de rose, sont
d'un bel effet dans la campagne.

LE PÈRE. — Cela est vrai, mais bien que nous ne
soyons pas à une bien grande distance des lieux dont
tu parles, le sarrazin n'est connu ici que de nom, et
cependant notre sol est très-propre à sa culture. Mieux
apprécié sur d'autres points de la France, il y est cultivé en grand, et sert en partie à la nourriture de
l'homme. Ainsi la Bretagne qui produit quantité de céréales, n'en consomme pas moins beaucoup de sarrazin.

dont on fait des bouillies et des galettes qui sont fort du goût des habitants de cette province.

C'est une plante rustique, d'une végétation prompte, dont les larges feuilles tirent beaucoup de l'atmosphère. En ombrageant le sol elle étouffe les herbes parasites. Récoltée en grains elle épuise très peu la terre et ne la souille pas : récoltée en fourrage, et, a bien plus forte raison, enfouie, elle l'améliore sensiblement.

Quoique peu difficile sur le choix du terrain, le sarrazin préfère un sol argilosiliceux et veut, du reste, qu'il soit bien ameubli. Il peut être semé pour son grain jusqu'en juillet, pour fourrage ou engrais végétal encore plus tard.

Dans les assolements alternes, sa place est comme seconde récolte après un fourrage de vesce, lupuline, etc. Il peut aussi tenir lieu de la première céréale de la rotation ; alors son principal avantage serait d'assurer le trèfle qui réussit singulièrement bien dans le sarrazin.

Je t'ai expliqué que, dans le système triennal, une culture trop étendue de prairies artificielles avait des suites fâcheuses. Il convient de faire une exception en faveur du sarrazin, lequel exigeant pour lui-même les premiers labours de la jachère, tient ensuite la terre aussi propre qu'on pourrait l'obtenir de la culture la plus soignée. Ainsi, que nos laboureurs mettent du sarrazin sur leur second ou troisième labour de jachère, pour l'enterrer ensuite au moment de semer le blé, et voilà une amélioration aussi importante que peu dispendieuse. Si le sol a été bien fumé, on peut récolter le sarrazin comme fourrage ou en graine, sans nuire à la production du blé qui doit suivre.

Le fourrage de sarrazin, sans être un des premiers en qualité, est certainement très-convenable pour le bétail à cornes. Il n'en est pas de même pour les moutons auxquels il est très-pernicieux. Quant à son grain, sans parler de l'emploi qu'on en fait dans certaines contrées pour la nourriture de l'homme, comme je te le disais il y a un instant, il est propre à celle de tous les animaux de la ferme, quadrupèdes et volatiles.

Un hectolitre de grains suffit pour un hectare.

On peut en mettre un peu plus s'il s'agit d'engrais végétal. Du reste, il est peu de plantes auxquelles une trop grande épaisseur dans le semis nuise autant qu'à celle-ci. Son produit en grain varie beaucoup, quelquefois elle ne rend que la semence, d'autres fois elle donne jusqu'à dix-huit hectolitres par hectare. Comme le sarrazin fleurit encore, bien qu'il ait déjà des grains mûrs, on doit, pour la récolte, choisir le moment où le plus grand nombre de grains est arrivé à maturité. De la sorte on sacrifie souvent les plus précoces. Quelque temps après le fauchage, on réunit les andains en tas, qu'on laisse plusieurs jours à l'air pour achever la dessication. On le bat ensuite sur-le-champ. Si on le remet en grange, on doit avoir soin de le battre le plus promptement possible, dans la crainte qu'il n'attire les souris qui sont très-avides de sa graine.

A l'attention avec laquelle tu m'as écouté, je juge, mon cher Adolphe, que tu cherches à faire profit des notions légères répandues dans nos entretiens.

ADOLPHE. — Assurément, mon papa, cela m'intéresse à un haut degré.

LE PÈRE. — Eh bien ! le plaisir que tu éprouves m'encourage à poursuivre, et c'est ce que je ferai à la première occasion favorable.

CHAPITRE III.

—

DES CÉRÉALES, DES PLANTES TEXTILES OU A FILASSE.

—

BLÉ FROMENT.

LE PÈRE. — Nous nous occuperons aujourd'hui, mon fils, de l'objet capital de l'agriculture, je veux dire des céréales, celle qui tout d'abord mérite notre attention, c'est le blé qui sert à la subsistance de l'homme depuis les premiers âges du monde. Dans l'histoire de Joseph, les saintes écritures l'indiquent comme faisant déjà le fond de la nourriture des contrées dont elles parlent; et, dans l'occident, les peuples payens n'ont pas cru trop faire, en plaçant au rang des dieux, ceux qui leur avaient appris à remplacer par le blé, les aliments grossiers que leur procuraient les arbres des forêts.

Quoique la production du blé semble n'entrer qu'en seconde ligne dans les assolements alternes, et que, par fois, moins de terrain lui soit consacré, elle est cependant, en général, plus assurée que dans la rotation triennale. En effet, il arrive trop souvent qu'un sol fortement ameubli par les labours de la jachère se change en mortier, s'il survient des pluies abondantes au moment de la semaille, ce qui en compromet le succès. Ce danger n'existe pas pour les blés à semer après le trèfle qui tient toujours la terre en bon état, quelque pluie qu'il tombe avant son défrichement. D'un autre côté, le fumier appliqué immédiatement pour le blé, a l'inconvénient d'exciter trop vivement la végétation dans les automnes chauds et de ne pas soutenir ensuite au printemps ce luxe de vigueur, de sorte que, par fois, le blé dépérit d'autant plus qu'il a été mieux nourri dans le principe.

Les cultivateurs de nos contrées ayant observé ce phénomène, n'aiment pas à semer de bonne heure, ce qui, à raison des mauvais temps qui surviennent souvent, entraîne des suites fâcheuses. Les blés sur un fourrage quelconque auquel la fumure a été appliquée, n'ont pas à redouter ce mal. Le fourrage a enlevé au fumier son excès de feu, mais non pas sa vertu, et le blé trouve ensuite sa nourriture, il est vrai, moins active dans le principe, mais plus durable dans toute la végétation. On peut alors sans crainte, le semer de bonne heure, il en réussira d'autant mieux; car si une forte végétation avant l'hiver est nuisible au blé, quand elle ne doit plus ensuite trouver assez d'aliment, elle lui sera, au contraire, utile si les sucs restés en terre sont en proportion de ceux absorbés; ce qui est le cas ordinaire des blés dont il s'agit.

On reconnaît la vigueur du blé à sa feuille large et d'un vert foncé. Une feuille longue, vert clair, indique plutôt cette végétation luxuriante dont je parlais tout-à-l'heure. Le blé demande pendant l'hiver à être bien égouté. L'humidité seule ne lui est pourtant pas mortelle comme au colza et au seigle. Dans certains pays les blés sont couverts par des débordements sans qu'il en résulte du mal. Ce sont les gelées tardives, jointes à l'humidité, qui lui nuisent le plus en le déracinant. Les blés tallés et bien enracinés ont alors beaucoup d'avantage sur les blés faibles auxquels des semailles tardives ont seulement permis de lever avant l'hiver,

Cette saison passée, la récolte n'est pas encore assurée : le succès dépend beaucoup aussi de la température du printemps, d'où vient le proverbe en usage dans ce pays : *c'est le mois de mai qui fait les blés.* Il opère, en effet, des sortes de prodiges. On voit alors certains champs perdre cette apparence de vigueur qu'ils devaient au premier feu du fumier. On en voit d'autres, au contraire, qu'un œil peu exercé aurait jugés laids, taller fortement et prendre, en peu de jours, un développement considérable.

Dans ce moment critique de la végétation, un engrais actif appliqué superficiellement au blé lui est très-profitable. On emploie dans ce but la poudrette, la colombine, les composts, ou bien du fumier de mouton en petite quantité, qu'on divise à la main. Cette opération suffit souvent pour ranimer des champs qui, sans elle, auraient toujours langui.

Un hersage énergique donné au blé avec la herse à dents de fer, dès que la terre est ressuyée au printemps, contribue notablement au succès futur de la récolte, en ameublissant la surface du sol, en rendant plus facile la talle de la plante, ainsi que le développement de ses racines.

ADOLPHE. — Mais il me semble, mon papa, qu'on doit arracher beaucoup de pieds ?

LE PÈRE. — Moins que tu ne penses; sans doute on en détruit quelques-uns, mais ce mal n'est rien en comparaison du bien qu'on produit. Il est des pays où l'on quitte tout autre travail, pour donner le hersage au moment convenable. On ne doit pas négliger non plus, vers la même époque, de débarrasser les blés tout au moins des chardons et de la nielle. Lorsqu'on les esherbe tout-à-fait, les frais sont bien payés par le résultat de l'opération.

On récolte le blé à la faucille, à la sappe ou à la faulx. La faucille a l'inconvénient de demander beaucoup de bras, et de laisser sur place une portion de la paille. La s

ppe que l'ouvrier fait fonctionner en la poussant de-
nt lui, ne peut aller dans les blés clairs. Je préfère la
ulx, comme plus expéditive, comme propre à tous les
és, et parce qu'elle rase la terre mieux qu'aucun autre
strument. Elle demande, au reste, des ouvriers ha-
les.

Quand on fauche le blé, on se sert d'une faulx garnie
à crochets, et on rejette l'andain sur le reste du blé.
ne ramasseuse le met en javelle derrière le faucheur.
n le lie ensuite de la même manière que quand il a été
upé à la faucille ou à la sappe, puis on le remet en
ange, ou bien on le dispose en grosses meules près de
établissement. Tu dois te souvenir d'en avoir vu sou-
nt. Cette dernière méthode a des avantages qui com-
ensent les frais qu'elle rend nécessaires : d'abord elle
tige moins de bâtiments, ensuite elle préserve les grains
à l'atteinte des souris et des rats mieux que ne font
s granges. Dans les belles gelées de l'hiver, on rentre
ne meule pour la battre.

Il arrive trop souvent que des pluies continues pen-
ant la moisson, gâtent les grains et empêchent de le
rrer. On tâche de remédier à ce contre-temps fâcheux
ir divers procédés dont le meilleur est de faire ce
u'on appelle des meulons ou moyettes.

Pour cela, après avoir placé sur terre quatre gerbes
à carré, de manière à ce que les épis de l'une re-
osent sur le pied de l'autre, on réunit sur cette base
s javelles en tournant l'épi en dedans, et on rétrécit
à tas en les croisant de plus en plus, de sorte qu'il
evient conique : on le termine avec une gerbe dont
s épis renversés sont étalés sur les côtés de la
moyette, de manière à la garantir de l'eau. Pour être
ainsi disposé, le grain n'a pas besoin d'une dessication
gale à celle qu'exige la mise en grange; il ne court
lus aucun risque, et acquiert même plus de qualité
t prend une belle couleur.

ADOLPHE. — N'existe-t-il pas plusieurs sortes de blé, mon papa?

LE PÈRE. — Oui, mon fils; il en est de beaucoup d'espèces, dont le nombre s'est même augmenté depuis quelques années de variétés qui paraissent venir du littoral de la mer noire, et qui méritent l'attention de nos cultivateurs, au moins pour des essais sages et raisonnés.

En général, on peut diviser les blés en deux grandes classes, les blés tendres ou sans barbe, les blés durs ou barbus. Ces derniers sont plus rustiques que les autres, moins sujets aux maladies; mais leur paille, et souvent aussi leur grain, a moins de qualité. Ils conviennent particulièrement aux terrains pauvres, ou bien aux gazons retournés, sur lesquels les blés tendres sont fréquemment atteints par le charbon et l'emmiellage.

ADOLPHE. — Ce sont sans doute deux maladies, mon papa?

LE PÈRE. — Oui, mon fils, la dernière attaque la paille qui noircit, en laissant découler un suc légèrement sucré, tandis que le grain reste maigre et sans qualité. Le charbon transforme ce grain en poussière noire au moment de sa formation.

Il ne faut pas confondre le charbon avec la carie, vulgairement appelée ambruine, laquelle change aussi le grain en poussière noire; mais cette poussière reste enveloppée d'une peau qui ne la laisse échapper qu'au battage: alors elle se répand sur le grain qu'elle noircit plus ou moins, en lui donnant une mauvaise odeur et lui ôtant de son prix. Les causes de cette maladie, et les moyens de la prévenir ont été longtemps incertains...

De nombreuses expériences amènent cependant à regarder comme très-probable la théorie suivante. La poussière qui remplit le grain carié, est la semence d'un végétal du genre des champignons, qui a son organisaion vitale dans l'intérieur de la plante, et qui fructifie là où devrait fructifier cette dernière. Ces semences germent en terre dans certains cas, celui par exemple d'une température chaude et humide. Si elles se trouvent alors rapprochées des jeunes racines du blé, elles s'y introduisent, et la plante ne vit plus pour elle-même, mais bien pour ce pernicieux végétal.

D'après cette théorie, tu dois comprendre combien il est dangereux de semer du blé taché de carie et ayant sur lui-même le germe de la lèpre. On pensa, du reste avec raison, qu'en éteignant la vie dans ces germes attachés à la semence du blé, on préviendrait la maladie. On employa la chaux et divers sels qui donnèrent des résultats satisfaisants, conformes à la théorie.

Le cultivateur ne doit donc jamais manquer de faire subir à la semence du blé, avant de la mettre en terre, une préparation qui détruise les germes apparents ou invisibles de carie. Un des meilleurs procédés pour atteindre ce but, est sans contredit celui-ci :

On place le grain dans un cuvier avec de l'eau où l'on fait dissoudre deux livres de chaux et trois onces de sel ordinaire, par hectolitre de semence. Le grain doit être recouvert par l'eau, dans laquelle il séjourne pendant vingt quatre heures. On le tire ensuite, et on le fait égoutter en attendant le moment de le semer. On a soin de remuer souvent le tas, de peur qu'il ne s'échauffe.

Si l'on est parvenu à découvrir des moyens à peu près sûrs pour préserver les blés de la carie, on n'a pas su encore les garentir, au moment où ils sortent de terre, des ravages de certains insectes qui leur font, ainsi qu'aux autres céréales, une guerre souterraine, trop souvent desastreuse, en les coupant à la racine, surtout dans les terres fort siliceuses, et dans les gazons rompus depuis peu de temps.

Le blé doit être coupé lorsque les grains, sans être tout-à-fait durs, ne sont plus en lait, plus tard il s'égrainerait facilement et serait moins prisé pour la mouture. Il faut pourtant excepter le blé de semence, qu'on doit récolter à maturité parfaite, en choisissant le champ dont les épis sont les plus gros et les mieux nourris. On peut garder le blé de semence deux ans, sans qu'il perde de ses qualités, pourvu qu'il n'ait pas été échauffé.

La quantité de semence à répandre dépend du moment de la semaille et de la profondeur du sol. Plus on sème de bonne heure, plus on peut semer clair, parce qu'il manque moins de grains à la germination, et que les pieds tallent davantage. Plus le sol est profond, plus on peut semer épais, avec certitude d'obtenir avantage de cette épaisseur, parce que les tiges pourront être plus serrées, sans pour cela se gêner plus entr'elles, que si elles étaient plus espacées sur un sol moins profond. En règle générale, le cultivateur doit plutôt craindre de semer trop épais que trop clair. Dans un semis clair, les pieds prennent plus de force, tallent davantage et donnent des épis longs et grainés. Dans un semis trop épais, les tiges sont toujours minces, comme étiolées, et supportent des épis courts et maigres en grain; ce qui a fait dire que, *semer trop dru, c'est vider son grenier deux fois.*

La quantité moyenne de semence à employer, est d'environ deux hectolitres par hectare. Il est entendu que je parle ici des semailles à la main. Quant à l'ensemencement au semoir dont je t'ai déjà dit un mot, à propos de l'instrument lui-même, il offrirait des avantages incontestables, dont le premier serait une grande économie de grains. Mais il est sage d'attendre le résultat positif des expériences qu'on fait en ce moment sur divers points.

Le blé préfère à tous autres les terrains argileux et légèrement calcaires. Il manque le plus souvent dans les sols très-légers et brulants, lesquels conviennent beaucoup mieux au seigle.

Il est des variétés de blé qu'on sème au printemps et qu'on nomme blés de mars. Ils sont moins rustiques que ceux d'automne, demandant un sol plus riche et des semailles plus épaisses; ils sont aussi plus chanceux et plus souvent atteints de maladies; le produit en est aussi moins abondant. Du reste, ils réussissent mieux après les pommes de terre que le blé d'automne, et peuvent le remplacer lorsqu'il a été déraciné par l'hiver. On épaissit quelquefois les blés clairs, en y semant au printemps du blé de mars qu'on enterre au hersage. On peut dire que le blé de mars est inférieur à celui d'automne, mais qu'il est précieux en ce qu'il peut lui être substitué, en cas de destruction complète ou partielle, ainsi que je viens de te l'expliquer.

Une variété de blé qu'on nomme épeautre, est très-rustique, peu difficile sur le choix du sol et donne un un grain d'excellente qualité. Malheureusement sa balle trop adhérente empêche d'en faire communément usage.

SEICLE.

Après le blé doit venir le seigle dans l'étude des céréales. Le grain de ce dernier, quoiqu'inférieur au froment, sert dans beaucoup de contrées du nord, de nourriture à l'homme. Le seigle s'accommode beaucoup mieux que le blé des terrains légers et brûlants, en revanche, il réussit moins bien dans les sols argileux. Il demande toujours un ameublissement et un assainissement parfaits. Des semailles précoces, lui sont aussi plus nécessaires qu'au blé, car sa talle doit être complète pour l'hiver. Il mûrit un peu avant le blé et se récolte de même. Sa paille, regardée comme nourriture est de

5

moindre qualité, mais a plus de corps et de solidité que celle du blé, aussi l'emploie-t-on pour faire non-seulement des liens, mais beaucoup de menus ouvrages. Dans ce cas, elle se vend plus cher que l'autre, ayant d'ailleurs été débarrassée des tiges courtes et de toute mauvaise herbe.

Le seigle cru et mieux encore cuit avec un mélange de paille hachée, remplace très-bien l'avoine comme nourriture des chevaux, surtout lorsque son prix n'est pas en proportion avec ses facultés nutritives, ce qui arrive souvent : ainsi, quand l'avoine se paye 8 francs, si le seigle, qui dans un juste rapport doit alors en valoir 12, est obtenu cependant au prix de 10 francs sur les marchés, on aura avantage à faire manger aux chevaux un mélange de seigle et de menue paille ou de paille hachée de préférence à l'avoine.

ADOLPHE. — A quoi sert ce mélange, pourquoi ne pas donner le seigle pûr?

LE PÈRE. — Pûr, il est trop nourrissant sous un petit volume, pour l'estomac des chevaux, et il ne donnerait que de mauvais résultats. Mais mêlé comme je viens de dire, il produit absolument le même effet que l'avoine. Pour hacher la paille, on se sert d'un instrument nommé Hache-Paille. On en fabrique aujourd'ui d'excellents. Mon fermier en a un petit, peu expéditif, que tu as pu voir ; il est passablement en usage dans ce pays, et suffit quand on n'a que peu de paille à découper.

Le seigle est une excellente nourriture pour les porcs et les bœufs à l'engrais. Dans ce pays il n'est guères employé à celle de l'homme que quand le blé est cher, attendu que le pain que produit sa farine est peu estimé. Il n'en est pas moins nourrissant et sain, pourvu qu'il ne contienne pas un mélange d'ergot ou d'ivraie.

L'ergot est une sorte de Champignon vénéneux qui

remplace le grain dans la formation. L'ivraie, vulgairement la darnelle, est une herbe à grain malfaisant qui infeste souvent les champs de seigle, aussi bien que le brome-seigle ou droue. On doit avoir grand soin de ne semer, pour être récolté mûr, que du seigle bien purgé des graines de ces plantes détestables.

On appelle méteil un mélange de seigle et de blé que tu m'as dit avoir souvent vu dans le même champ. Cette réunion, par des causes dont nous avons parlé, produit presque toujours plus que n'auraient fait le seigle et le blé, s'ils eussent été semés séparement. Elle doit être pratiquée sur tous les sols où l'on croit que le blé seul ne réussirait pas bien ; mais en faire usage, comme il arrive assez souvent, sur des champs qui déjà viennent de produire du blé, c'est ruiner ces champs d'une manière déplorable.

Tu te souviens que je classais l'autre jour le seigle parmi les plantes propres à former des prairies artificielles. En effet, fauché un peu avant la floraison, il donne un fourrage vert qui, sans doute, n'est pas succulent, mais que les bestiaux mangent avec avidité, parce qu'il est ordinairement le premier. Il offre aussi aux moutons un fourrage précoce d'excellente qualité. Le seigle peut être ainsi pâturé à deux ou trois reprises, dont une en automne. Quand il ne l'a été qu'une seule fois et encore jeune, il n'en produit pas moins son grain.

Il existe diverses variétés de seigle qui viennent principalement du nord de l'Europe, et qui peuvent avoir sous ce rapport des qualités précieuses, mais je n'en conseillerais l'introduction dans nos contrées, que sur des épreuves bien constatées.

Deux hectolitres et demi par hectare sont, pour cette céréale, la quantité ordinaire de semence, qu'on fait bien augmenter d'un cinquième, quand il s'agit d'un fourrage.

Lorsque le seigle est pâturé ou coupé avant la fleur, il n'épuise pas le sol, et permet encore la même année, à raison de sa précocité, la culture de la navette, des pommes de terre, de la vesce, du sarrazin, des navets, de la spergule. Enterré il forme un excellent engrais végétal, mais nos paysans se croiraient perdus s'ils fauchaient en vert ou enterraient une récolte de céréales. On va même jusqu'à proférer des menaces contre des agriculteurs éclairés qui emploient le seigle comme moyen d'amélioration. Combien il serait à désirer que nos campagnes se purgeassent d'une foule de préjugés qui sont autant d'obstacles au progrès et qui font honte à la raison humaine!

ADOLPHE. — Oh! cela est bien vrai! aujourd'hui, Simon, dont pourtant les semailles sont pressées, ne se repose-t-il pas, sous le prétexte que c'est la saint Bruno, et que s'il semait du blé, sa récolte serait ambruinée,

LE PÈRE. — Tu peux juger par ce seul fait de l'esprit de nos villageois. Tu les entendras soutenir opiniâtrement des erreurs grossières comme celle-la, et tu parleras à des sourds, quand tu leur indiqueras des procédés agricoles, reconnus excellents, par la science et par l'expérience des pays où ils sont pratiqués. Mais revenons à notre sujet.

ORGE.

En céréales propres à ces contrées nous avons encore l'orge et l'avoine : je ne parle ni du millet ni du maïs ou blé de Turquie, qu'on ne cultive avec succès qu'à quelques degrés plus au midi que nous ne sommes.

L'orge veut un terrain chaud, sans aucun acide et fortement ameubli. Elle réussit particulièrement bien après les pommes de terre; dans les assolements alternes c'est le plus souvent sa place. Il en est plusieurs variétés qui se rangent en trois classes principales : les orges à deux, à quatre et à six rangs.

Les petites orges de deux et quatre rangs sont les plus rustiques, elles conviennent beaucoup mieux aux sols pauvres que les autres variétés, lesquelles sur les sols riches, donnent un produit plus abondant.

La grande orge à deux rangs est celle qu'on cultive plus généralement dans nos contrées. Je ne vois pas de fortes raisons de lui préférer d'autres variétés, si ce n'est pourtant que, dans les sols très-fertiles, on pourrait lui subtituer, avec avantage, celle à six rangs, et dans les moindres au contraire, la petite orge à quatre rangs comme plus rustique.

Il en est une variété à deux, quatre et six rangs dont la balle n'est pas adhérente au grain, de sorte que celui-ci est nu et transparent. Mêlé en certaine quantité avec le blé il produit un pain de fort bonne qualité. Cette orge appelée orgée nue ou céleste, exige un sol riche et veut être semée de bonne heure.

Ainsi que le blé et le seigle, l'orge se sème en automne et au printemps. La variété d'automne la plus répandue est l'orge à six rangs ou escourgeon. Il lui faut un terrain de bonne qualité, en même temps que sec, et des semailles très-précoces pour pouvoir résister à l'hiver. On la fauche quelque fois en vert, comme le seigle qu'elle surpasse de beaucoup en qualité.

AVOINE.

L'avoine plus rustique que l'orge, vient dans toutes les terres arables de ce pays, et dissout, par ses racines, de l'humus acide qui ne profiterait à aucune autre plante utile. Un terrain bien ameubli ne lui est pas aussi nécessaire qu'aux autres céréales. J'ajoute même qu'elle réussira mieux sur un seul labour que sur plusieurs, dans une terre où abonderaient des graines d'herbes parasites, dont la germination, favorisée par l'ameublissement du sol, nuirait ensuite à l'avoine.

Dans les assolements alternes on la sème sur un labour après la culture sarclée, ou à la dernière année de la rotation, ou après un trèfle de deux ans, cas où elle rapporte toujours plus qu'un grain d'automne, lequel aurait exigé deux ou trois labours, et le défrichement du trèfle, après la première coupe.

En général, l'avoine réussit très-bien sur les gazons rompus plusieurs années de suite, et toujours mieux la seconde et la troisième année du défrichement que la première.

Il est de grande importance, pour le succès de l'avoine, que la semence ait été exempte de toute fermentation, car les plants produits par de l'avoine échauffée, sont faibles et ne rapportent que peu. L'avoine, et j'en puis dire autant de l'orge, aime à être enterrée profondément. Une fois levée, elle se trouve bien d'un hersage qu'on ne saurait donner à l'orge sans danger, à cause de la facilité avec laquelle se cassent les feuilles de cette dernière. Une autre opération pratiquée dans ce pays avec utilité, c'est de passer sur les orges et les avoines, peu après le moment où elles ont levé, un rouleau qui, écrasant les mottes, rend plus facile le fauchage de la récolte.

On fauche l'avoine avec la faux garnie de crochets. Il faut saisir pour cela le moment où les premiers grains sont arrivés à maturité; autrement on s'expose à perdre ces grains qui sont toujours les mieux formés. On doit ensuite laisser l'avoine quelques jours sur place pour lui faire achever sa maturation. Dans ce pays on prolonge trop long-temps cette pratique qu'on appelle javelage, dans la vue de faire acquérir au grain plus de corps et plus de poids. On s'expose ainsi à de fortes

pertes, s'il survient des mauvais temps continus. La
paille d'avoine, particulièrement nourrissante pour les
bestiaux de tout genre, même pour les chevaux, malgré l'opinion contraire assez répandue, a une solidité
qui la fait rechercher dans les arts comme celle du
seigle.

Il existe plusieurs variétés d'avoine, les unes à grain
blanc et les autres à grain noir. Dans ces contrées on
cultivait exclusivement une petite avoine grise qui,
certainement, est une dégénération. Aujourd'hui elle
est fréquemment remplacée par d'autres espèces plus
franches, et ce n'est pas sans raison, je crois, car elle
est moins rustique et moins productive que les avoines
blanches ordinaires et hâtives. Cette dernière peut
être semée beaucoup plus tard. Je préfère encore
l'avoine de Hongrie, dont les grains noirs sont tous sur
un côté du panicule et adhérents à la tige; circonstance qui la rend tout-à-la fois moins sujette à s'é-
grainer, et moins facile à battre.

ADOLPHE. — L'avoine a-t-elle aussi, mon papa,
une variété d'automne?

LE PÈRE. — Oui, mais comme les gelées la dé-
truisirent assez souvent dans ces climats elle ne leur
convient que médiocrement.

LIN.

Aux céréales que nous venons de passer en revue, je
joindrai le chanvre et le lin que tu connais parfaitement. Tous deux exigent un sol riche, meuble et scru-
puleusement nétoyé. Une température favorable est
aussi nécessaire à leur réussite. Ici on les place dans
des terrains séparés qu'on appelle chenevières. Dans
les pays à assolements alternes, le lin est souvent en
tête de rotation comme plante sarclée, ou bien à la
place de la céréale qui suit la plante sarclée, cas où il

assure la réussite du trèfle. Il vient particulièrement bien sur les défrichements d'un gazon riche, après un seul labour et de bons hersages; alors il n'exige pas les esherbages dont il ne peut se passer en terre ordinaire, et il dispose merveilleusement le sol à la culture du blé.

Nous ne voyons en général ici que des lins de petite taille, parce qu'on n'a pas le soin d'en renouveler la semence assez souvent, ce qui doit avoir lieu tous les quatre ans, comme cela se fait dans les pays où la culture du lin est fortement développée. C'est de Russie qu'on tire cette graine, dont les produits sont de toute autre dimension que ce que nous avons ordinairement sous les yeux. Empêcher la graine du lin de mûrir assez, en l'arrachant trop-tôt, pour avoir de la filasse plus fine, le faire reparaître trop souvent sur la même terre où il ne devrait être semé qu'une fois en dix ans, voilà, pour nos lins, deux causes de dégradation.

CHANVRE.

Le chanvre réussit plusieurs années dans le même sol; mais plus encore que le lin, il veut que ce sol soit riche et bien ameubli. On le sème d'ordinaire au mois de mai, par une température un peu humide si l'on peut. Comme il lève et croit très-promptement, il n'a presque jamais besoin de sarclage. On arrache le chanvre mâle, que par erreur nos paysans appellent chanvre femelle, dès qu'il commence à jaunir à son sommet. On n'a pas besoin de changer de semence pour le chanvre comme pour le lin. Tu sais que les graines de chanvre et de lin sont oléagineuses, mais d'une qualité bien inférieure sous ce rapport, à celle du colza. Du reste, l'huile de lin ayant la faculté de sécher promptement, est employée dans la peinture et dans les arts. Je m'abstiens de te parler des manipulations qui suivent la récolte de ces plantes, manipulations connues partout,

dont l'objet est de détacher et de préparer la filasse , soit
pour les corderies , soit pour la fabrication des toiles.

Après avoir soumis à de courts examens les végétaux
dont la production intéresse l'agriculture de nos contrées , ne serait il pas convenable de passer rapidement
en revue ceux que nos travaux tendent à détruire comme nuisibles?

PLANTES NUISIBLES.

ADOLPHE. — Vous me ferez grand plaisir , mon
papa. Il nous faut encore quelque temps avant de re-
gagner le village dont nous sommes passablement éloignés : Parlez-moi donc de ces plantes parasites qui souillent nos champs,

LE PÈRE. — Je puis les diviser en deux classes,
dans l'une desquelles je comprendrai celles qui se reproduisent uniquement par leurs graines, tandis que je
mettrai dans l'autre celles qui se reproduisent par
graines et par racines. Ces dernières ayant deux moyens de propagation , sont, presque toutes, beaucoup
plus tenaces et plus difficiles à détruire que les autres.
Parmi elles les chiendents de diverses sortes occupent
le premier rang.

Vois-tu cette herbe un peu rampante, à feuilles glau-
gues , et qui souille si fort ce trèfle ? C'est la trainasse
ou agrostide stolonifère : elle ne vient que dans les sols
un peu frais. Remarque cette autre plus grande, dont
l'épi ressemble à celui du blé, c'est le vrai chiendent ,
plus difficile à extirper que l'agrostide; mais il n'envahit que les terres de bonne qualité. Montons dans ces
champs secs et calcaires : nous y trouverons, je pense,
l'avoine à chapelets. Justement, la voici : tâche d'en
déraciner un pied.

ADOLPHE. — Oh ! mon papa ! que de boulettes le
long de ses racines!

5*

LE PÈRE. — Tu vois ce qui lui fait donner le nom d'avoine à chapelet. La plus petite de ces boulettes peut reproduire une nouvelle plante, de plus, elles périssent difficilement: aussi a-t-on beaucoup de peine à l'expulser des champs où elle se plaît. On ferait bien, quand ils viennent d'être labourés, d'y amener des porcs et des bêtes à laine qui ramassent ses racines avec avidité.

Voici le petit liseron et le pas-d'âne également aimés des moutons, et presqu'aussi difficiles à faire disparaître des champs qui en sont infestés, et qui, du reste, sont toujours de bonne nature.

Vois maintenant ces chardons que les moissonneurs ont eu grand soin de laisser sur place, et dont les graines ailées sont portées au loin par le vent. La charrue ne peut les détruire, parceque les racines pénètrent au-dessous du labour le plus énergique, et produisent sans cesse de nouveaux jets. On ne parvient à faire mourir le chardon des champs, qu'à force de le tourmenter, par exemple en le fauchant jeune plusieurs fois de suite : aussi les cultures de trèfle, de luzerne, de sainfoin conviennent-elles beaucoup pour en opérer l'anéantissement.

ADOLPHE. — Je connais depuis longtemps cette herbe à odeur si pénétrante, c'est la camomille sauvage.

LE PÈRE. — Cela est vrai. Comme elle se multiplie seulement de graine, elle appartient à mon autre classe de plantes parasites. Elle pullule à l'infini dans les sols argilosiliceux, avec la rave sauvage vulgairement sené blanc. Leurs graines ont la propriété de se conserver en terre un temps considérable, sans perdre la faculté germinative, de sorte qu'après une succession de plantes fourragères et sarclées, qui n'ont laissé fructifier aucune herbe nuisible, on est tout surpris de voir le sol s'en couvrir de nouveau. J'en dis autant du coquelicot, du bleuet et du sené jaune qui, parfois, inondent les champs dont le terrain leur convient, et y produisent l'effet le plus pittoresque par leur belle couleur d'un bleu, d'un rouge et d'un jaune éclatant.

Déjà je t'ai signalé l'ivraie et le brome-seigle si nuisibles à la céréale de ce nom. Voici un pied de mélampyre des champs, ou rougette. Elle ne vient que dans les sols argilocalcaires, sa graine noircit le pain. Bien qu'on ne puisse l'apercevoir à présent, je ne dois pas oublier la nielle, dont les graines nombreuses diminuent souvent la valeur du blé, lorsqu'on n'a pas eu le soin de les arracher au printemps.

ADOLPHE. — Voilà, mon papa, une plante traînante à fleurs à panache bleu si joli, que je serais fâché de vous en entendre dire du mal.

LE PÈRE. — C'est la vesce à épi. Bien loin d'en dire du mal, j'exprimerai une sorte de regret qu'elle ne soit pas cultivée en prairies artificielles. Mais il en est une autre qu'on nomme, je crois, vesce à feuille de lin et qui est un fléau pour les blés. Quand elle les envahit au printemps, elle les étouffe en les enlaçant de manière à réduire presque à rien le produit. Les cultivateurs devraient se décider à faucher en vert les champs qui en sont souillés au degré que je viens de dire. D'une part, ils obtiendraient un excellent fourrage qui vaudrait mieux que la récolte à maturité, de l'autre ils empêcheraient la production d'une grande quantité de graines de la même plante, destinées à compromettre, plus tard, d'autres champs de céréales.

Je viens de te signaler, à peu près, les plantes les plus nuisibles dans nos campagnes. On ne peut mieux les détruire, en général, que par l'assolement alterne, dans lequel les culture sarclées et fourragères sont largement développées. Il est bon de connaître, en outre, certaines opérations par lesquelles on accélère cette destruction. Les labours d'arrière-saison qui exposent aux gelées de l'hiver les racines des chiendents, en font périr un grand nombre.

Le même effet résulte des labours donnés au sol dans les chaleurs de l'été. Les hersages énergiques qui succèdent à ces labours ramènent les chiendents à la surface, et quelques jours de soleil suffisent pour les dessécher.

Un excellent moyen d'anéantir une foule de germes d'herbes de toute espèce, c'est de bien ameublir avec la herse la surface du sol, à chaque labour préparatoire, ainsi qu'aux labours pour plantes sarclées et fourragères; de la sorte on favorise la germination des mauvaises graines, dont les produits sont ensuite ou détruits par un nouveau labour, ou par un sarclage, ou bien sont fauchés en fleurs avec une prairie artificielle.

Ce n'est pas en deux ou trois ans, qu'on peut espérer de faire disparaître tous ces germes malfaisans que produit l'assolement triennal avec ses récoltes successives de grains qui laissent tout arriver à maturité; mais en employant les moyens que je viens d'indiquer avec la rotation alterne, on en diminue d'abord la quantité au point de n'en être que faiblement incommodé; et ensuite on finit par les extirper à peu près complètement.

CHAPITRE IV.

DES PRAIRIES NATURELLES.

ADOLPHE. — Je crois, mon papa, que vous avez terminé ce qui concerne le règne végétal : c'est donc aujourd'hui le tour des animaux.

LE PÈRE. — Pas encore. Un objet intéressant nous reste à traiter: je veux parler des prairies naturelles où je t'ai vu dans ton enfance t'ébattre avec tant de plaisir, et dont nous avons si souvent, depuis, admiré ensemble les charmants tapis verts nuancés des cou-

leurs les plus suaves. Mais laissons les expressions poë-
tiques pour procéder à un examen téchnique.

Toute prairie est formée d'un certain nombre de plantes diverses ; dont les racines font avec le sol un tissu
serré. Les détritus de ces plantes sont plus abondants
que l'humus absorbé par elles, de sorte que tout gazon
même fauché, s'améliore par degrés, et toujours en raison de sa fertilité première. Quand on le défriche , on
reconnaît sans peine cet accroissement de fertilité, aux
récoltes abondantes qu'il est susceptible de produire
sans fumier.

Ordinairement les prairies sont placées dans des endroits bas et humides, position qui convient moins aux
plantes agricoles, et qui favorise la croissance de l'herbe,
surtout si les eaux lui sont judicieusement administrées.
De cette distribution dépend, en grande partie, le produit des prairies. Lorsque les eaux se réunissent et ne
coulent que sur une petite surface, elles ont peu d'effet.
Lorsqu'elles dorment elles en ont un mauvais.

Il est des prés où l'eau ne paraît que dans les temps
pluvieux ; sur d'autres enfin, elle coule ou bien reste à
demeure, sans qu'on puisse la détourner, ce qui rend
ces derniers plus ou moins marécageux. Tu pourras
voir ici des prés de la première et de la seconde sorte ;
mais il en est peu de ceux que l'on appelle irrigués, où
l'eau se met régulièrement tout le long de l'année; opération qui, bien faite, donne d'immenses produits. Il est
pourtant des localités où elle serait praticable; mais elle
exige avant tout une libre disposition du cours d'eau ,
ce qui n'est pas toujours facile ; de plus elle demande
des avances plus ou moins considérables, pour l'établissement de vannes et de canaux d'irrigation , enfin un
nivellement exact du sol, de sorte qu'aucune portion
d'eau ne reste stagnante, mais qu'au contraire tout puisse
s'écouler avec promptitude. De telles irrigations sont

souvent audessus des moyens du simple cultivateur. En revanche, que d'améliorations possibles dans nos campagnes, pour mettre à profit des filets d'eau trop souvent négligés! Que de creux, que de bas fonds à remplir ou à assainir par de faciles écoulements!

ADOLPHE.— Tenez, mon papa, voyez ce pré rempli de mousse et de jonc; cependant l'eau semble y couler fort bien : ce ne peut être un bon pré.

LE PÈRE. — Non assurément, il est très-mauvais, malgré les eaux courantes: cela tient à la mauvaise nature de cette eau qui, sortant du bois, comme tu le vois, charrie beaucoup de substances acides fort nuisibles. Il est des sources qui ont aussi ce défaut : Il faut les rejetter avec le même soin qu'on doit mettre à profiter des eaux fertilisantes. Ces dernières cessent de l'être lorsqu'elles ont coulé un certain temps sur des gazons ; mais redevenant stagnantes elles reprennent de la vertu. On profite quelquefois de cette propriété dans les irrigations: Une eau qui a servi à un premier arrosement est reçue dans un réservoir où elle repose, pour arroser ensuite un errain inférieur. On hâte, on augmente la putréfaction de l'eau en y jetant des matières végétales qui ne tardent pas à se décomposer.

Dans toute irrigation, petite ou grande, la largeur des canaux doit être en rapport avec la quantité d'eau qu'ils recevront. Les canaux d'irrigation desquels l'eau coule immédiatement sur les prés, doivent avoir trés-peu de pente pour qu'elle déborde sur toute leur longueur en même temps. Enfin on pratique des canaux de desséchement proportionés à l'irrigation, pour écouler promptement toute l'eau qui, sans cela, deviendrait nuisible.

ADOLPHE. — Prenez garde, mon papa, de vous engager plus avant dans cette prairie, car nous arrivons au marécage.

LE PÈRE. — Je serais pourtant bien aise d'y pénétrer avec toi. Passons sur cette levée du ruisseau où nous marcherons sans risque. Tu vois, du reste, que ces prés sont marécageux, parce qu'ils se trouvent au-dessous du cours d'eau ; mais remarques-tu que dans cette portion, la végétation se montre toute différente de ce qu'elle est dans une autre partie.

ADOLPHE. — Oui, mon papa. Ici l'herbe est verte et touffue, là-bas elle est claire et faible , pourtant les deux endroits sont également humides.

LE PÈRE. — Cela est vrai ; ils ne diffèrent qu'en ce seul point qu'ici l'eau coule, et que là elle dort. Nous arrivons à une interruption de levée : tu vois que c'est là que commence la bonne qualité du pré. L'eau s'introduisant par cette ouverture et ressortant par cette autre qu'on aperçoit là-bas, forme un courant entre ces deux points, et favorise ainsi la croissance de l'herbe. C'est là une irrigation naturelle.

Nous avons beaucoup de prés bas où il est avantageux de favoriser ces courants, en faisant librement communiquer le ruisseau dans ses crues avec le milieu du pré. On obtient d'abord un produit en foin plus abondant et de qualité meilleure ; en second lieu, l'eau dépose chaque année un limon qui relève peu à peu le sol.

Primitivement les cours d'eau ont dû s'établir dans la partie la plus basse des vallées, souvent, aujourd'hui, ils ne s'y trouvent plus. Il faut rechercher la cause de ce fait dans les dépôts qu'ils ont formés petit à petit le long de leurs bords, à plus ou moins de distance, et mettre à profit cette propriété des cours d'eau, pour les prés bas placés au-dessous de leur niveau. Il convient, à cet effet, d'en favoriser l'entrée dans les endroits creux au lieu de l'empêcher, comme on le fait presque partout, avec l'espérance de rendre le produit moins chanceux. La précaution devient presque toujours inutile, car si on se garantit quelquefois des eaux gonflées du ruisseau, on ne se garantit pas des eaux pluviales et d'infiltration, qui, ne pouvant s'écouler ensuite à cause des levées elles-mêmes, noient également le pré; mais, cette fois, d'une manière fâcheuse; puisqu'elles rendent le terrain acide, et ne favorisent que la croissance des mauvaises herbes, sans produire aucun limon propre à rehausser le sol.

Tu comprends que je ne parle ici que des prés trop bas que le voisinage d'un cours d'eau ne permet pas d'assainir à peu de frais. Il est fort important, au contraire, de garantir les prés plus élevés de toute inondation, quand l'herbe est déjà grande; car le limon dont elle se chargerait en ferait un fourrage mal sain, qu'on nomme un fourrage alosé; mais, quand l'herbe est courte, ou bien pendant l'hiver, on a encore grand intérêt à favoriser l'entrée des eaux dans ces prairies.

Je t'ai parlé, tout-à-l'heure, du mal que produisent celles qui sont stagnantes. Il convient, toutefois, de noter une exception. L'eau qu'on tient sur les prés pendant l'hiver, leur fait un très-grand bien, en préservant l'herbe de l'âpreté du froid; cela s'appelle irriguer par submersion. Bien entendu qu'on doit s'être ménagé les moyens de se débarrasser de cette eau quand les beaux jours reparaissent; car alors elle commence à croupir, ce qu'indique l'écume blanchâtre dont les bords se garnissent, et il ne faut pas balancer à la faire écouler.

ADOLPHE. — Bien que l'endroit où nous voilà maintenant, mon papa, soit moins humide que celui que nous venons de quitter, voyez donc comme la terre y est couverte d'une mousse qui doit empêcher la croissance de l'herbe.

LE PÈRE. — Ce pré est, en effet, mauvais; mais

non parce que la mousse est un obstacle à l'herbe: La mousse n'empêche rien ; elle remplit seulement des places qui, sans elle,. resteraient vides faute d'autres plantes pour les occuper : aussi le meilleur moyen de la détruire dans un pré, est-il d'améliorer ce pré par des engrais et des amendements.

La fumure des prés est certainement une des opérations les plus avantageuses ; l'augmentation de produits en est telle que, dans certains pays, on dit *qu'il n'est pas de meilleur moyen d'arriver à fumer les terres que de commencer à fumer les prés.*

La cendre de tourbe et celle de bois non lessivée, sont l'amendement le plus actif pour les prés : elles ont particulièrement la propriété de détruire les mousses, et de faire naître en place toutes sortes de trèfles qui croissent quelque fois là où l'on n'en avait jamais vu. Le plâtre est de même un bon amendement pour les prairies où abondent les petits trèfles, les lotiers, les vesces, et en général les plantes de ce genre.

Des hersages énergiques donnnés aux prairies, en augmentent aussi beaucoup la force végétative et les produits. Enfin, une opération souvent très-utile, c'est le défrichement et la culture d'un pré pendant une ou plusieurs années. Cette opération expose le sol aux influences de l'atmosphère, et détruit un gazon usé qui, lui-même, une fois décomposé, doit servir à la nourriture des plantes nouvelles, dont les germes cachés dans le sol éclosent bientôt.

J'ai eu, par hasard, occasion d'en admirer l'effet sur un pré de la moindre qualité. Le propriétaire trouvant le produit par trop insignifiant (ce pré était à peine fauchable), en planta la portion la plus mauvaise au moyen d'un labour. L'année de la plantation l'herbe était claire, mais vigoureuse, et plus abondante qu'avant le défrichement ; mais l'année d'ensuite on vit le sol garni d'un fourrage épais, six fois supérieur à celui que produisait le pré. La nature d'herbe même était changée : les grandes marguerites dont on apercevait à peine quelques pieds, çà et là dans le vieux gazon, couvraient alors le sol, et la masse de leurs fleurs blanches formait un coup-d'œil d'autant plus remarquable, qu'elle était exactement circonscrite par le labour. La partie qui restait de l'ancien pré, quoiqu'autrefois la meilleure, produisait infiniment moins. Le propriétaire, éclairé par cette expérience, défricha, par un simple labour tous ses autres prés secs, sur lesquels les mêmes phénomènes se firent voir. Il les améliora ainsi pour un certain nombre d'années, se proposant bien quand le gazon s'userait, d'employer encore le même moyen pour le rajeunir.

Je dois dire que les prés en question sont formés de cette terre qu'on appelle terre blanche, à silice fine, avec sous sol imperméable, laquelle s'enherbe fort aisément. Je ne voudrais pas affirmer que la même opération conviendrait à des prés formés d'un terrain plus léger mêlé de calcaire, avec sous sol perméable, sur lesquels le gazon se forme plus difficilement. Le mieux pour améliorer ces derniers, c'est de les fumer superficiellement.

Comme la première année du défrichement le pré ne donne que peu d'herbe, on peut, pour l'utiliser, semer sur le labour, de l'avoine et du foin avec trèfle, et laisser ensuite subsister le trèfle, qui est toujours remplacé, là où il meurt, par des herbes de prairie.

On pourrait aussi faire succéder, sans inconvénient, à la première culture, une récolte de racine fumée, qui, elle-même, ferait place à une céréale avec trèfle, puis on laisserait le pré se recomposer.

Ces cultures ameublissant le sol et aidant à la décomposition de détritus nombreux, compensent et

au-delà l'épuisement produit par deux ou trois récoltes ; mais autant un défrichement sage de certaines
prairies est avantageux, autant il devient pernicieux
quand il est pratiqué par un homme avide, qui ne
rompt le pré que pour le sucer en quelque sorte, et en
tirer, sans fumier, récoltes de grains sur récoltes de
grains. Tout y vient, sans doute, pendant un certain
nombre d'années, mais le sol finit par s'épuiser et
par être impropre, même aux herbes de prairie.

Lorsqu'on rompt un pré, pour un espace de temps
plus long que celui que je viens de t'indiquer, il faut
le soumettre à un assolement alterne, où les fourrages
occupent au moins un tiers de la rotation, et en soutenir la fertilité par une fumure.

L'application de la chaux est plus avantageuse sur
les gazons défrichés que partout ailleurs, et elle l'est
d'autant plus que le sol est plus acide ; je t'en ai expliqué la raison en te parlant des amendements.

ADOLPHE. — Cela est vrai, mon papa, mais à
quoi reconnaît-on qu'un sol est acide ?

LE PÈRE. — Aux herbes qu'il produit. Là où tu
verras des leiches, des joncs, des bruyères, toutes
plantes de la plus mauvaise nature, tu pourras être
sûr que le sol est acide. Nous arrivons juste dans un
pré de cette espèce, aussi remarque tous ces joncs ;
cette plante à feuille triangulaire est un carex ou leiche ;
cette autre, que les bêtes à cornes rejettent tout-à-fait,
est la queue de cheval ou prêle.

Dans cet endroit, où le terrain cesse d'être acide,
quoiqu'encore marécageux, les carex sont remplacés
par les menthes, les iris, les renoncules, et par le pâ-
turin aquatique. Ce dernier abonde surtout ; c'est cette
grande herbe à feuilles larges, certainement la meilleure des plantes aquatiques, malgré sa ressemblance
avec le roseau. A l'endroit où l'eau coule du ruisseau

sur le pré, cette herbe tendre et touffue est presque uniquement de la fétuque flottante, plante très-bonne et très-aimée du bétail. Voilà sous tes pieds le souci d'eau ou caltha, dont la belle fleur jaune décore les prés au printemps, et la persicaire, tout au moins médiocres,

Nous voici maintenant dans une bonne contrée. La plante dont tu viens de cueillir un brin est l'ivraie vivace on ray-grass. Étant susceptible de former des prairies artificielles, il mérite une mention particulière. Toute fois je ne t'en ai rien dit dans notre avant-dernier entretien sur les prairies artificielles, attendu qu'on est peu d'accord à son égard, les uns le préconisent, tandis que d'autres le dédaignent, ce qui ferait croire qu'il est difficile sur le choix du terrain. Deux fois j'ai eu occasion de le voir sur des sols fort différents, l'un argilosiliceux, l'autre calcaire, et il a mal réussi. Je n'ai garde néanmoins de le condamner absolument; mais j'estime qu'avant de l'employer, il est bon d'attendre qu'il ait fait ses preuves d'une manière plus générale.

ADOLPHE. — Qu'apercevons-nous donc là-bas de violet, mon papa?

LE PÈRE. — Ce sont des scabieuses succises, dans un terrain froid, de fort médiocre qualité. Les bêtes à cornes ne les mangent que quand elles sont très-jeunes. Voilà tout autour de nous le colchique d'automne dont la fleur nommée vachette apparait de toutes parts, c'est une plante vénéneuse qu'on doit chercher à détruire en déterrant ses bulbes à la bêche.

Dans l'état de nudité absolue où sont maintenant les prés, je nommerais en vain les herbes bonnes ou mauvaises dont il se composent : une telle nomenclature serait pour toi sans intérêt et sans fruit. Au printemps nous ferons, si tu le désires, quelques courses dans lesquelles je te donnerai une teinture de la jolie science appelée botanique.

ADOLPHE. — Très-volontiers mon papa, je tiens note de votre engagement, pour vous le rappeler dès que la primevère et la petite marguerite commenceront à montrer leurs fleurs.

Mais voyez donc que de taupinières dans ce pré , elles en font une sorte de terre labourée.

LE PÈRE. — Le mal ne sera pas grand , si on a soin d'étendre tous ces petit tas. Il existe dans la partie nord du département des Ardennes , un instrument très simple qui exécute ce travail du nivellement des prés avec une grande perfection. C'est un assemblage de trois morceaux de bois parallèles , de six pieds de long , avec une lame de fer sous chacun. Cet instrument, que je nommerai niveleur, et auquel on attelle trois ou quatre chevaux , enlève les taupinières et fourmilières les plus enherbées , en déposant dans les creux les terres et les gazons qu'il entraîne, en sorte que le pré se trouve parfaitement uni. De plus , la terre que le niveleur distribue à la surface , favorise la croissance de l'herbe qui vient alors d'autant mieux , que les taupes ont plus travaillé.

ADOLPHE. — Est-il aisé , mon papa , de changer une terre arable en pré?

LE PÈRE. — Cela dépend du sol et de la position. Toute terre , même la plus stérile , dès qu'on peut la soumettre à une irrigation constante , se couvre bientôt d'un gazon dont les produits sont abondants. Ce cas à part, on peut dire que les terrains les plus faciles à engazonner sont les argilosiliceux à sous sol imperméable , et , parmi eux , les plus abondants en humus. Ils n'ont pas besoin de semences de pré : Une simple fumure appliquée au sol bien nivelé fera pousser immédiatement les plantes qui lui conviennent le mieux. J'ai vu des bas de champs de cette nature , que Simon , sur mon conseil , avait laissé s'engazonner, produire un fourrage des plus épais, et en même-temps beaucoup meilleur que celui d'un pré qui se trouvait au-dessous.

Les terrains calcaires, graveleux, perméables, sont beaucoup plus difficiles à pourvoir d'un gazon; souvent même en y semant des grains de prés choisis, avec fumure, n'obtient-on pas de résultats satisfaisants. Le mieux est d'occuper ces terrains par de la luzerne ou du sainfoin qui leur conviennent davantage.

ADOLPHE. — Vous ne m'avez encore rien dit, mon papa, de la récolte des prairies, à la quelle j'ai quelquefois pris part, et où je m'amusais de si bon cœur.

LE PÈRE. — Tu as raison ; C'est un point des plus essentiels. Le moment à choisir pour la récolte de la première coupe, est celui où les plantes qui doivent former la plus grande partie du foin entrent en pleine fleur : plus-tôt on perdrait en quantité, plus tard en qualité, et de plus on diminuerait le produit de la seconde coupe, si c'est un pré à regain.

On ne saurait jamais mettre trop d'activité dans ce travail : quelque fois un retard de deux jours peut le prolonger de huit et plus, à cause des mauvais temps.

Il faut environ quatre faneuses pour un faucheur. Il arrive souvent dans les prés peu abondants qu'on peut sécher le foin en un jour : alors on le met en tas le soir pour être chargé le lendemain. Quand bien même il ne serait pas sec il faut également le ramasser ; car la rosée, lorsqu'il est étendu, le blanchit et lui fait perdre de sa qualité. La pluie lui est encore plus nuisible ; aussi, quand le temps menace, doit on se hâter d'amonceler le foin imparfaitement sec, pour l'empêcher de perdre cette portion de dessication et en même temps quelque chose de sa saveur. L'herbe encore verte quoique coupée ne semble pas souffrir sensiblement de la pluie, du moins pendant plusieurs jours.

De l'activité que le maître déploie dans ces moments

critiques, dépend souvent le salut d'une portion de sa récolte. Rien n'équivaut alors à sa présence ; il faut qu'il soit partout, qu'il stimule les ouvriers, sans, du reste, comprimer leur gaîté, laquelle anime le travail et l'empêche de se ralentir.

Le regain, ou seconde coupe des prés, est plus long à sécher que le foin. Il craint moins la rosée ou la pluie, mais demande une dessication plus parfaite, sans laquelle il moisirait, en même-temps qu'il prendrait un mauvais goût. Cette fermentation fâcheuse est trop souvent favorisée dans les greniers à foin, par un tassement incomplet et par la libre circulation de l'air.

Au lieu de faire bourrer et serrer les foins et regains dans le fond des greniers par des enfants, comme cela se pratique souvent, il faut au contraire, employer à ce travail les personnes les plus capables, et boucher avec grand soin toutes les ouvertures sans exception ; car l'introduction de l'air dans la masse favorise la fermentation, qu'on augmente ainsi lorsqu'elle est déjà forte. C'est bien pis si l'on ouvre le tas, comme on fait quelquefois, dans la persuasion d'obtenir un effet tout contraire.

Ce tassement bien égal qui contribue tant à la bonne qualité du foin, s'effectue beaucoup mieux et bien plus aisément dans les meules que dans les greniers. Il est des pays où presque tous les fourrages se mettent ainsi en meules qui sont rentrées l'une après l'autre pour être consommées, ou même dont on fait usage en partie en les minant par dessous. Dans la confection de ces meules, il faut tenir compte de la diminution de volume produite par le tassement spontané, et s'arranger de façon à ce qu'après avoir été en s'élargissant jusqu'au tiers de la hauteur, la meule se termine ensuite en cône.

ADOLPHE. — Mais, mon papa, ce ne doit pas être chose aisée ?

LE PÈRE. — Si fait, quand on y est habitué. La première fois qu'on opère, on le fait en petit et en tâtonnant. On façonne après coup la meule au moyen du rateau. Avec de l'industrie on acquiert en peu de temps une expérience qui, plus tard, tient lieu de grenier à foin. Un premier essai manqué ne doit donc pas décourager. En agriculture, comme en tout, c'est la persévérance qui fait le génie, j'entends la persévérance qui est nourrie d'une foi vive dans l'excellence de la voie où l'on s'engage, quoique le commencement puisse en être épineux.

Cette précieuse qualité est malheureusement rare parmi nous autres français. Quand nous n'emportons pas la charge du premier coup de collier, nous en donnons rarement un second, encore moins un troisième. Que de fois n'a-t-on pas vu faire des dépenses considérables pour l'assainissement d'un marais, par exemple, puis s'effrayer de l'ouvrage, et perdre ces dépenses faute d'en faire une dernière ! Entreprenons peu, si nous voulons, mais entreprenons sagement, après avoir bien raisonné, bien réfléchi, et persévérons ensuite, nous arriverons certainement à de bons résultats qui nous éclaireront encore, et nous engageront à de nouvelles tentatives, au lieu de nous dégoûter, comme font cinquante essais mal commencés qu'on abandonne au milieu de l'exécution.

ADOLPHE. — Ayant fini mes études, j'avais, mon papa, quelque velléité de me croire instruit : je vois aujourd'hui que je ne savais presque rien, de vraiment utile s'entend. Vous m'avez en quelques jours initié à plus de choses usuelles que mes huit années de collège.

LE PÈRE. — Q'il y a pourtant loin encore, mon fils, de cette étude superficielle et théorique que je te fais faire, à l'étude approfondie et pratique de l'agriculture! Du reste, je vois avec plaisir que tu sentes l'importance du sujet. Si tes études *t'ont appris à bien apprendre*, pour me servir de l'expression d'un ancien sage, je croirai que ni ton temps ni mon argent n'ont été mal employés.

Terminons cet entretien; une autre fois nous aborderons la seconde partie de l'art agricole, la production et l'élevage des animaux.

TROISIÈME PARTIE.

CHAPITRE PREMIER.

DES CHEVAUX.

LE PÈRE. — Je ne crois pas, mon cher Adolphe, qu'ilsoit besoin de te faire remarquer combien est digne d'intérêt cette partie de l'art agricole de laquelle il me reste à te dire quelques mots. Elle est intimement liée avec la production des végétaux dont elle utilise une grande partie, lesquels ne pourraient croître eux-mêmes, du moins avec profit pour le producteur, sans les engrais que seule elle procure dans le plus grand nombre de cas. Il faut regarder comme exceptionnels ceux où ces mêmes engrais se trouvent hors de l'exploitation, et ceux où ils sont amenés spontanément par la nature, comme dans certaines vallées enrichies chaque année par des innondations bienfaisantes. Partout ailleurs, il faut dans l'établissement même une fabrication d'engrais.

Les instruments de cette fabrication, si je puis

6

m'exprimer ainsi, sont les bestiaux. Le but que chaque cultivateur doit se proposer d'atteindre, c'est d'opérer cette fabrication avec bénéfice, c'est-à-dire de retirer de son bétail plus de valeur en travail, en fumier, en lait, en viande et en laine qu'il ne lui en a appliqué en fourrage et en soins.

Il est impossible d'établir en règle générale quelle sorte de bétail doit produire ce bénéfice de préférence à une autre. Cela dépend entièrement des circonstances locales. On peut dire pourtant que les positions sèches et élevées conviennent mieux aux moutons, et les terrains bas et humides aux bêtes à cornes. Du reste le produit à attendre de l'un ou de l'autre dépend de la perfection de la race, de sa nourriture et des soins qu'on lui donne. Que nos contrées sont en arrière sous ce rapport! Tout le bétail y est médiocre ou chétif, comme les aliments qu'il reçoit lesquels ne sont autre chose, le plus souvent, qu'un pâturage tel quel en été et de la paille en hiver. Les meilleurs fourrages sont consommés à perte par de nombreux chevaux de faible race qui, après le travail ou dans les jours d'inaction, sont envoyés dans les pâturages dont je viens de parler, sous la garde d'une foule d'enfants qui les maltraitent, et qui contractent ensemble des habitudes de paresse, pour ne rien dire de plus.

Quel avantage attendre d'un pareil système qui, bien loin de rendre aux races ce qui leur manque en taille et en forces, ne peut que perpétuer leur dégradation? Je te disais l'autre jour qu'en général il vaut mieux faire peu et le bien faire. Ce mot appliqué au bétail conserve toute sa justesse; car on aura plus d'un animal bien nourri, bien soigné, que de quatre sur lesquels on divisera la nourriture et les soins.

Le produit à attendre est toujours en raison directe des soins et des aliments administrés. Ainsi tel veau qui, élevé convenablement, aurait fait un beau bœuf, n'est encore à l'âge de 6 ans qu'un animal chétif, dans l'étable de ce malheureux campagnard, par suite de son triste mode d'élevage; tel porc qui tenu proprement et fortement poussé aurait atteint le poids de 400 livres, n'en pèsera que 150, pour avoir croupi dans l'ordure et n'avoir reçu qu'une nourriture insuffisante. En règle générale on ne doit attendre du bénéfice de son bétail, que, l'orsqu'au lieu de se borner à le faire vivre, on lui consacre au-delà du nécessaire.

Il est des parties de nos contrées où les chevaux, par exemple, sont mieux tenus et plus forts que dans le reste. J'ajoute qu'en général les bêtes à laine sont dirigées avec plus d'intelligence que tout autre bétail; mais encore pourrait-on le plus souvent mieux faire.

Quand les fourrages abondent, au lieu de nourrir plus largement ce qu'on a, et de réserver une portion des vivres pour les moments de pénurie, assez ordinairement on sèvre plus de jeunes bêtes, de manière à ce que tout soit à peu près consommé. Ces jeunes animaux grandissent, et c'est souvent au moment où ils mangent le plus, que tout-à-coup les fourrages viennent à manquer en partie. Le cultivateur chargé de bétail le nourrit nécessairement plus mal, sans compter qu'il est obligé de se défaire, à vil prix, d'une foule de bêtes maigres, dont on fait une véritable boucherie : c'est ce qui a eu lieu l'année dernière et cette année.

ADOLPHE. — Je l'avais déja ouï dire, mon papa, et vous venez de m'expliquer très-clairement les causes de cette destruction.

LE PÈRE. — Plus qu'aucun bétail, les chevaux veulent être au moins d'un choix passable dans une exploitation rurale, car ils ne donnent que du travail, lequel est toujours en raison de leurs forces. Tu m'as bien compris l'autre jour lorsque je t'ai dit que tout travail devenait plus coûteux éxécuté par un plus grand nombre d'animaux. Cette différence est d'autant plus forte que le travail lui-même a un plus haut prix. Elle est dès-lors moindre pour les bœufs que pour les chevaux dont la nourriture et l'entretien sont plus coûteux et qui perdent leur valeur entière en vieillissant. Je t'ai en même temps signalé une exception, par suite de laquelle cette différence de prix du travail a l'avantage des bœufs disparaît : te la rappelles-tu ?

ADOLPHE. — Oui, mon papa; vous voulez parler du cas où ce travail vient de bêtes d'élevage, c'est-à-dire de juments poulinières et de jeunes chevaux auxquels on fait prendre un exercice indispensable à leur santé.

LE PÈRE. — C'est cela même. Une telle spéculation, du reste, n'est réellement avantageuse que lorsque les chevaux qu'on élève ont une certaine valeur. Si, comme il arrive dans la plus grande partie de ce pays, on ne produit que des chevaux du dernier rang, on aura encore perte sur un tel élevage, et le travail de ces chevaux sera dès-lors plus coûteux que jamais.

Aujourd'hui que l'administration introduit dans nos campagnes des étalons distingués, chaque cultivateur en choisissant les moins laides de ses juments, qu'il enverrait à ces chevaux, obtiendrait certainement des sujets d'une bien autre valeur que ceux qui résultent de l'accouplement avec des étalons choisis sans nul discernement, ou ce qui est pis encore avec de simples poulains. Un nouveau croisement des sujets améliorés avec les étalons de choix, produirait enfin une race de laquelle on pourrait espérer du bénéfice, et qui ne tarderait pas à se régénérer, pour peu qu'on persistât sur la bonne voie.

ADOLPHE. — J'ai quelque fois entendu parler, mon papa, de la race ardenaise ; bien que nous soyons voisins des Ardennes, cependant on ne voit que des rosses dans les campagnes, ainsi que vous le dites vous-mêmes.

LE PÈRE. — Autrefois les Ardennes possédaient, en effet, une race de chevaux distingués qui fournissaient de nombreuses remontes à la cavalerie. On la croyait descendue d'étalons arabes ramenés des croisades par des moines de l'abbaye d'Orval. Aujourd'hui cette race précieuse est réduite à un petit nombre de sujets : espérons que nos cultivateurs seconderont les efforts de l'administration pour la relever.

Ainsi que je l'ai dit tout-à-l'heure, le cheval exige plus de soins et des aliments mieux choisis que tout autre bétail. Les soins consistent dans le pansement et le ferrage. Le pansement est indispensable à la santé du cheval dans l'état domestique, pour favoriser la transpiration insensible. Le cultivateur doit rigoureusement exiger que ses chevaux soient étrillés au moins une fois par jour et à rebrousse poil, de sorte que la crasse se trouve détachée, au lieu d'être simplement cachée, comme il arrive par suite d'un étrillage incomplet. Il est également salutaire pour les chevaux de pouvoir souvent entrer dans l'eau jusqu'au ventre, afin que les jambes se débarrassent de la boue qui leur est fort nuisible.

Le ferrage est une opération délicate ; il est presque toujours nécessaire, attendu que sans cela la corne du pied des chevaux s'userait bientôt. Il en est pourtant qui peuvent s'en passer, et qui transmettent cette rare qualité à leurs enfants.

Le ferrage qui est de la plus grande importance pour les chevaux, exige aussi de l'attention de la part du cultivateur. Il doit veiller à ce que le fer soit parfaitement appliqué au sabot ; à ce que les cloux ne prennent pas de fausses directions, ce qui fait bientôt boiter l'animal; à ce que les fers cassés et détériorés soient remplacés promptement; à ce qu'enfin les chevaux soient déferrés pour être referrés ensuite, toutes les fois que la corne fait saillie sur le fer par suite de sa croissance.

Les chevaux ont besoin d'une nourriture chargée de substance nutritive, sous un petit volume. Les foins mous récoltés dans les sols marécageux, quoique de bonne nature, ne leur conviennent pas. Ils mangent surtout avec plaisir le fourrage de vesce, de trèfle, de luzerne et de sainfoin, à condition néanmoins qu'il ne soit pas moisi ni poudreux. Cette poussière ne vient nullement du plâtrage, comme on le dit quelque fois, mais bien de ce que le fourrage a été remis avant sa complète dessication.

Quelle que bonne que soit d'ailleurs la nourriture des chevaux en fourrage, il leur faut encore une ration de grain proportionnée au travail qu'on leur demande. C'est le plus souvent de l'avoine, mais presque tous les autres grains peuvent être substitués à celui-ci, à condition qu'ils ne contiennent pas plus de substance nutritive à volume égal, ce qu'on obtient au moyen d'un mélange de menue paille ou de paille hachée très-fin qu'on humecte pour que les chevaux ne puissent s'en débarrasser en soufflant dessus. Le seigle, les pois, les vesces, les lentilles, les fèves sont regardés comme égaux en facultés nutritives, lesquelles sont à peu près doubles de celles de l'avoine, de sorte qu'il en faut moitié moins avec de la paille hachée pour produire le même effet. L'orge est un peu moins nourrissante, et le blé l'est sans comparaison plus; si ce dernier n'est mêlé de beaucoup de paille hachée, il devient très nuisible.

Les carottes peuvent remplacer en grande partie la nourriture en grain. Cette précieuse racine est très-aimée des chevaux et les soutient en excellente santé, même dans les travaux pénibles, tout aussi bien que le grain. On la leur administre découpée grossièrement, en calculant qu'il en faut environ trois litres pour en remplacer un d'avoine.

La nourriture verte est, en général, très-profitable aux chevaux qu'elle purge et rafraichit. L'important c'est de les y faire passer insensiblement de la nourriture sèche, sans quoi ils auraient des indigestions et des maux d'estomac dont ils souffriraient visiblement. Une fois habitués au vert, ils peuvent se passer en grande partie de grains. Le retour au sec doit être insensible comme le passage au vert.

Les chevaux, plus encore peut-être que tout autre bétail, veulent que la nourriture leur soit distribuée par petites parties. Le valet qui les soigne doit se lever trois heures avant le travail pour leur donner le premier fourrage. Quelque temps après il leur en rend encore et les étrille; il les fait boire ensuite et leur distribue une première ration de grain, après quoi ils vont à l'ouvrage. A midi on leur rend du foin et une ration de grain, en les faisant boire encore. Le soir, après la seconde attelée, on leur distribue d'abord du fourrage, ensuite du grain, après les avoir abreuvés; et en se couchant, une dernière portion de fourrage qui ordinairement est de la paille dont une partie leur sert de litière pour la nuit.

Les juments qui servent à la réproduction réclament quelques ménagements et une nourriture plus abondante, surtout dans les derniers temps de la gestation, et pendant l'allaitement qu'on ne doit pas prolonger au-delà de trois mois. Après le sevrage il faut retrancher à la jument une partie de cette nourriture substantielle, et la traire de temps en temps dans le but d'éviter les engorgements du pis.

Pour que les poulains prennent un beau développement, il leur faut de l'exercice. Le mieux est de les élever dans des pâturages clos où ils trouvent une abondante nourriture. Si l'on n'a pas cette facilité, et qu'on soit obligé de les élever à l'étable, il faut de temps en temps les lâcher ne fut-ce que dans une cour. Les poulains doivent être traités avec douceur. Il convient de les habituer de bonne heure à se laisser étriller et prendre les pieds. On peut commencer à les atteler à l'âge de trois ans ; mais l'ouvrage qu'on leur imposera devra être très-modéré : ce n'est qu'à cinq ans que les chevaux ayant acquis toute leur vigueur, sont capables de travailler fortement.

La jument porte de onze à douze mois. Il faut saisir, pour la faire couvrir, l'instant où elle entre en chaleur, ce qui a lieu au printemps. On s'en aperçoit à ce qu'elle mange peu, boit beaucoup, paraît inquiète, agitée, cherche à s'approcher des chevaux, et laisse écouler une liqueur visqueuse de ses parties génitales, alors dilatées. La chaleur des juments dure plus ou moins longtemps, quelque fois trois ou quatre jours seulement. La conception la fait cesser, et on a lieu de croire qu'une jument a retenu, quand on la voit peu après sa dernière saillie refuser opiniâtrément le cheval. Ce serait une grande faute de l'obliger alors à le recevoir de nouveau ; car, si elle était pleine, il la ferait très-probablement avorter. Un exercice vigoureux avant la saillie semble favoriser la conception : après, un repos complet est absolument nécessaire. Quand des juments travaillent assez fortement, il est à propos de n'exiger d'elles un poulain que tous les deux ans, pour ne pas les épuiser d'une manière prématurée.

L'étalon demande une nourriture choisie et abondante, surtout dans le temps de la monte. Le nombre des juments qu'il peut saillir alors dépend complètement de son état de santé et de son énergie, laquelle ne peut être appréciée qu'à l'épreuve. Tel cheval pourra, sans inconvénient, saillir tous les jours, et même plus d'une fois par jour; tel autre n'en sera capable qu'à de longs intervalles.

Les signes les plus certains de la gestation chez les juments sont, l'augmentation du ventre, qui n'est au reste bien sensible qu'au sixième mois, ses allures plus pesantes, un caractère plus doux, plus obéissant, enfin une tendance à s'abstenir de tout ce qui serait dangereux pour le fardeau qu'elles portent. Les efforts de même que les coups et les pressions un peu fortes, doivent aussi leur être épargnés soigneusement, sans quoi on courrait grand risque d'en voir résulter l'avortement. Les signes d'une mise bas prochaine sont l'augmentation, la dureté du pis et un ramolissement général de toutes les parties qui avoisinent celles de la génération. Il faut alors mettre la jument à son aise, sur une bonne litière, sans pour cela l'isoler, si elle est habituée à vivre en société; lui faire prendre, chaque jour, un exercice modéré, qui facilite le part, et la surveiller de très-près jusqu'après la mise bas dont le travail doit être laissé complètement à la nature, pour les chevaux comme pour tout autre animal.

ADOLPHE. —Votre fermier ne pense pas de même, sans doute; car un certain jour je l'ai vu qui s'évertuait tant et plus, après une vache en train de mettre bas, ce qui, du reste, semblait la faire souffrir.

LE PÈRE — Les gens de ce pays et de beaucoup d'autres, ont, en effet, cette habitude fâcheuse, d'où résultent trop souvent des accidents graves.

ADOLPHE. — Vous ne m'avez rien dit, mon papa, de la manière la plus convenable d'atteler les chevaux.

LE PÈRE. — Il en est de plusieurs sortes. Les colliers sont tantôt fermés, tantôt ouverts par le bas ou même par le haut. Ces différentes méthodes ont chacune

6*

leurs avantages et leurs inconvénients. J'estime que, sauf quelques légers perfectionnements, le cultivateur fera bien de s'en tenir aux usages du pays quels qu'ils soient, autrement il paierait cher l'apprentissage qu'il ferait faire à son bourrelier pour en obtenir des choses inconnues dans la localité. Mais il devra s'attacher à tenir constamment ses harnais en bon état, et les graisser toutes les fois que cela est convenable, sans quoi ils blesseraient les chevaux et se détérioreraient promptement.

Le cultivateur doit retenir également que, plus il réunira de bêtes dans un même attelage, plus il y aura déperdition de forces, à cause de la difficulté de les faire tirer exactement toutes ensemble, et des déviations dans la ligne de tirage que leur réunion ne peut manquer de produire. Dès-lors il est hors de doute que quatre chevaux, par exemple, divisés en deux attelages, emmèneront une charge plus forte que s'ils étaient réunis en un seul.

ADOLPHE. — J'ai souvent entendu dire, mon papa, que la bouche du cheval indique son âge avec précision : veuillez m'expliquer cela, je vous prie.

LE PÈRE. — On connaît l'âge du cheval à ses dents incisives. Elles sont au nombre de douze, six en haut, six en bas. Entre deux ans et demie et trois ans, les deux du milieu, en haut et en bas, dites les quatre pinces, tombent et sont remplacées par de nouvelles dents beaucoup plus fortes. Entre trois ans et demie et quatre ans, les quatre dents voisines, dites mitoyennes, tombent et sont remplacées de même. Entre quatre ans et demie et cinq ans, c'est le tour des quatre dernières qu'on appelle coins.

Ces dents ont alors sur leur épaisseur nommée table, une cavité noirâtre qui s'efface, à partir de ce moment, dans l'ordre suivant : entre cinq et six ans, sur les pinces d'en bas; entre six et sept ans, sur les mitoyennes d'en bas; entre sept et huit ans, sur les coins d'en bas; entre huit et neuf ans sur les pinces d'en haut; entre neuf et dix ans, sur les mitoyennes d'en haut; enfin, entre dix et onze ans, sur les coins de la mâchoire supérieure. Au-delà, il est impossible de bien reconnaître l'âge du cheval.

ADOLPHE. — Pour me bien pénétrer de ces distinctions, venez, s'il vous plaît, mon papa, me les montrer sur les chevaux de Simon.

LE PÈRE. — Volontiers. Demain ce sera le tour des bêtes à cornes.

CHAPITRE II.

DES BÊTES A CORNES.

ADOLPHE. — L'autre jour, mon papa, je vous entendais manifester le doute de pouvoir trouver, dans ce pays, des bœufs suffisamment forts, pour qu'une paire de ces animaux pût faire convenablement fonctionner l'araire ou charrue simple que vous adoptez. Comment donc se fait-il que des contrées qui, comme les nôtres, ne manquent nullement de moyens d'élevage, et dont diverses parties même sont renommées pour la qualité de leurs prairies, comment, dis-je, se fait-il que ces contrées ne possèdent, en général, qu'un bétail à cornes dégénéré?

LE PÈRE. — Sans doute, mon ami, ce pays pourrait avoir une race de bétail bien supérieure à ce que nous voyons, de même qu'il pourrait produire des chevaux meilleurs que ceux qu'il possède. En agriculture, comme dans les autres arts, tout se tient et s'enchaîne. Dans les pays où la culture est améliorée, le races d'animaux le sont aussi. Dans les pays à culture

tive; les races de bêtes sont appauvries; elles se régénéreront bientôt, si la culture vient à faire des progrès. En effet, la principale cause de la dégradation dont il s'agit, c'est, d'une part, la mauvaise nourriture qu'on donne l'hiver au bétail à cornes, et, de l'autre, le chétif pâturage où il est forcé de vivre l'été. Il est facile de se convaincre de cette vérité, en voyant le développement que peuvent prendre même des animaux de la race du pays, lorsqu'ils ont été mieux nourris et mieux soignés que les autres.

ADOLPHE. — Effectivement, mon papa, ce matin Simon me montrait, avec orgueil, un jeune animal dont il veut faire un taureau, et que dès-lors il pousse en nourriture. Il est à peu près le double plus gros que ses voisins qui ont cependant le même âge.

LE PÈRE. — Ce n'est pas avec orgueil qu'il aurait dû te montrer ce jeune animal, mais avec honte, puisque, voyant le résultat d'une bonne nourriture, il n'en persiste pas moins dans un système qui le force à nourrir imparfaitement ses autres bêtes.

On doit attribuer aussi la dégénération de la race bovine, aux mauvais choix des taureaux, et à leur épuisement précoce par l'abus des saillies, de sorte qu'un animal assez beau qui, ménagé, pourrait durer et donner des sujets vigoureux, ne produit que des veaux faibles, et s'épuise avant le temps.

Un taureau doit avoir le corps long, cylindrique, bas de jambes. Il doit être à proportion, plus fort du derrière que du devant, afin de pouvoir se dresser sans efforts ni fatigue. J'aime à lui voir un front large et crépu, un œil vif et doux, des cornes grosses, un beau fanon. Je désire aussi qu'il vienne de parents distingués par leurs bonnes qualités.

Un taureau peut faire le saut vers l'âge de dix-huit mois; mais on nuirait à sa croissance si on en exigeait un service continu avant l'âge de trois ans. C'est alors seulement, qu'il a acquis son entière vigueur, laquelle se soutiendra plusieurs années, si on ne lui fait faire qu'un nombre modéré de saillies, environ quarante à cinquante, pendant la durée du temps où les vaches sont le plus ordinairement en chaleur, c'est-à-dire du commencement de mars à la fin de mai.

ADOLPHE. — Je comprends très-bien, mon papa, qu'on puisse obtenir, au moyen d'aliments plus substantiels, et par un emploi mieux raisonné des taureaux, une plus forte taille dans la race; mais comment changer des formes défectueuses?

LE PÈRE. — Une nourriture meilleure et plus abondante perfectionne, avec le temps, les formes elles-mêmes, surtout si on conserve, pour la reproduction, les individus chez lesquels on remarque quelque beauté nouvelle. Mais on peut arriver bien plus promptement au but, en croisant les productions du pays avec des taureaux de race plus parfaite, de race Suisse par exemple.

Ces croisements demandent une grande attention. Il ne faut point faire venir de Suisse, pour les fixer dans nos contrées, des individus de ces races à taille colossale qui vivant dans les pâturages les plus succulents, dépérissent sur des sols moins riches. Les petites races de Suisse et même les moyennes, celle de Schwitz entre autres, nous conviennent beaucoup mieux de tous points, parcequ'elles réunissent à la beauté des formes une taille suffisamment forte. Elles ne s'accomoderaient cependant pas du système actuel d'élevage. Une amélioration dans ce système doit, sinon précéder, du moins accompagner toute autre amélioration. Mais alors comment se procurer une quantité suffisante de racines telles que betteraves, carottes, pommes de terre, et des fourrages verts précoces tels que le seigle et les navets?

La chose est difficile, puisque, comme je te l'ai démontré, les cultures de plantes sarclées et fourragères sont mal à l'aise dans l'assolement triennal. Le temps seul et les bons exemples pourront opérer ces heureux changements, qu'on doit regarder comme condition essentielle d'un bon élevage du bétail à cornes.

Les aliments dont il peut se nourrir sont très-variés: les pailles et fourrages de tous les genres lui conviennent, ainsi que les résidus de la fabrication du sucre, des fécules, de la bierre, de l'eau-de-vie; enfin les pains d'huile ettoute sorte de grains. On ne peut d'ordinaire lui donner de ces derniers avec avantage, à raison de leur prix élevé. Les divers résidus sont plus propres à l'engraissement qu'à servir d'aliments habituels aux bêtes à cornes qu'ils échauffent beaucoup.

Dans tous les cas; leur nourriture se divise en nourriture d'été et nourriture d'hiver.

Celle d'été se compose d'herbes vertes de tous genres mangées soit au pâturage, soit à l'étable où on les distribue au bétail. Dans ce dernier cas, les bêtes ne sortent que dans la cour ou pour aller à l'abreuvoir. Des expériences nombreuses ont prouvé que cette méthode si avantageuse, puisqu'elle ne laisse rien perdre des déjections, n'est nullement nuisible à la santé des animaux ni à la sécrétion du lait, pourvu que les écuries soient aérées et que le bétail soit tenu dans un grand état de propreté. Un pavé en pente avec un écoulement pour les urines, qui s'en vont dans les fosses à fumier, dispense de lui donner une quantité de litière aussi grande qu'on pourrait le supposer d'abord. Il faut avoir aussi dans l'étable une place convenable pour décharger le fourrage vert. Quand au transport de ce fourrage, il est très-bien effectué par les vaches de l'établissement, qui, une fois habituées à ce travail, y vont toujours avec plaisir et s'en trouvent bien.

Bien que cette méthode exige plus de soin que l'élevage à la pâture, je la préfère néanmoins, non seulement parcequ'elle ne laisse perdre aucune portion du fumier, mais encore parceque les bêtes sont mieux rationnées, plus également nourries et dès lors beaucoup moins exposées aux indigestions et au gonflement, toujours si fortement à craindre, quand on fait manger sur place une coupe de trèfle ou de luzerne. Du reste, il n'est personne dans les campagnes qui ne sache que ce gonflement ou météorisation est bien plus à craindre lorsque la plante se trouve humectée de pluie ou de rosée que quand elle est sèche, parceque l'eau facilite et augmente la production des gaz qui étouffent l'animal. J'ajoute qu'il en est de même dans les temps d'orages, quelque sèches que soient les herbes. Alors c'est l'électricité qui favorise dans l'estomac la séparation des mêmes gaz.

Quand on sème des fourrages précoces tels que le seigle, la vesce d'automne, et des fourrages tardifs comme le sarrazin et le moutardon, la nourriture au vert, à l'étable, peut durer six mois, depuis la mi-mai jusqu'à la mi-novembre. Souvent il peut être avantageux de faire pâturer alors par les bêtes qui ont été nourries à l'étable, les prés qui ne valent pas la peine d'être fauchés en seconde coupe, ainsi que les jeunes trèfles qui ont grandi depuis la moisson et qui certainement profitent de ce pâturage. Dans ce cas la météorisation est moins à redouter que lorsqu'il s'agit d'un grand trèfle, parceque les bêtes mangent beaucoup moins à la fois. Cependant il est de la prudence de ne les y mener que par des temps secs, et de les faire sortir à de courts intervalles, jusqu'à ce que leur estomac soit habitué à cette espèce d'aliment.

La nourriture d'hiver qui dure de cinq à six mois,

doit, pour maintenir les bêtes à cornes en parfaite santé, se composer d'une certaine quantité de racines et de fourrages secs. Ces derniers seuls, mêmes les meilleurs, ne peuvent remplacer le mélange que je t'indique, lequel est une véritable continuation de la nourriture verte, et dont on reconnaît les heureux effets à l'appétit toujours vif et à la gaité des animaux soumis à ce régime.

En dépit des préjugés dont je t'ai déjà dit un mot, a pomme de terre crue est un des meilleurs aliments pour les bœufs de travail, pour les vaches laitières et pour les jeunes élèves, à condition toutefois qu'on y ajoute une certaine quantité de fourrage sec. La pomme de terre cuite rendant au contraire l'estomac des animaux paresseux, convient plutôt à leur engraissement. Je crois t'avoir dit que deux livres de ce tubercule cru en remplacent une de bon foin. Il en faut pour le même objet trois de carottes, quatre de betterave, et peut-encore plus de raves et de navets.

On doit éviter de faire boire les bêtes aussitôt qu'elles ont mangé : dès-lors, il convient de les conduire à l'abreuvoir dans l'intervalle de deux repas, soit le matin, soit après midi, ou, mieux encore, dans ces deux moments. Pour cela, comme pour la distribution de la nourriture, il est très-important d'être exact aux heures établies : les bêtes s'aperçoivent et souffrent des moindres retards. On ne saurait croire combien la tranquillité est favorable à la santé des animaux ruminants : c'est, avec la propreté, une condition essentielle de leur engraissement.

Ainsi, les bêtes à l'engrais, bien loin d'être laissées dans l'ordure, comme on le fait quelque fois à dessein, doivent être placées, avec une abondante litière, dans une étable isolée où l'on n'entre que pour les soigner. Si on a le temps de les étriller, la peine qu'on en prendra aura des effets sensibles sur la promptitude de l'engraissement. Il convient d'augmenter toujours par degrés la quantité de nourriture, et de réserver pour les derniers moments, ce qu'on peut avoir de meilleur.

Les vaches portent de neuf à dix mois. Elles entrent en chaleur quelque temps après la mise bas, ce qu'on reconnaît à leur agitation et à leur disposition à monter sur les autres. Il faut saisir ce moment pour la saillie, car la chaleur, qui dure quarante-huit heures au plus, pourrait ensuite tarder fort longtemps. Les genisses l'éprouvent plus souvent que les vaches, quelque fois même quand elles sont encore très-jeunes. Il faut attendre, pour les faire couvrir, qu'elles aient de deux à trois ans, autrement on nuirait à leur croissance. Leur premier veau, du reste, est presque toujours petit, et ne doit jamais être conservé pour la reproduction.

L'état de gestation, chez les vaches, est indiqué par une diminution sensible du lait et par la grosseur de leur ventre. L'approche du moment de la mise bas se reconnaît aux mêmes signes que chez les juments. On doit alors les surveiller de très-près; mais abandonner entièrement le part à la nature.

Quand il a eu lieu, il faut donner à la mère une nourriture rafraîchissante et abondante, en la tenant dans une place chaude, où elle soit à l'abri de tout courant d'air.

Le veau exige divers soins, selon le mode d'élevage qu'on veut adopter à son égard. Si on veut le laisser à sa mère, il faut le porter immédiatement près d'elle, afin qu'elle puisse le lécher. Lorsqu'il a la force de se lever, on l'aide à trouver les mamelles et on le fait boire trois ou quatre fois la première journée, sans oublier de vider ensuite, complètement, le pis de la mère, pour qu'il ne s'y forme pas de dépôt. Le lendemain et jours suivants, on le laisse encore boire trois fois, puis seulement deux jusqu'au sevrage ; alors on cherche à le faire boire au seau, après l'avoir séparé de la mère : séparation cruelle, qui ne s'opère jamais sans beaucoup de douleur et de meuglements, de la part de l'un et de l'autre. Tous deux en souffrent d'une manière sensible.

On évite cet inconvénient grave, en donnant aux veaux le lait dans un seau, dès la naissance, sans leur laisser jamais téter la mère. Un second avantage de cette méthode, c'est de mettre à même de faire au jeune élève une ration toujours égale, et de le sevrer insensiblement. De la sorte, on le préserve le plus souvent de diarrhées dangereuses, auxquelles l'avidité des veaux les expose, quand ils boivent à volonté.

Dans le cas dont il s'agit, il faut emporter le nouveau-né dès qu'il est mis bas, et sans le faire lécher par la mère qui, alors, ne s'aperçoit pas de sa disparition ; on le place chaudement entre quatre bottes de paille. Quand il commence à prendre des forces, on lui présente du lait de la mère, dans un seau ; il apprend facilement à y boire, surtout si on lui introduit, dans la bouche, le doigt qu'il commence à sucer.

Pendant la première semaine, cinq litres de lait suffisent chaque jour à un veau ; pour la seconde on peut lui en donner dix, et quinze pour la troisième ; mais on passe toujours à ces quantités d'une manière insensible. La quatrième semaine on peut étendre le lait d'un peu d'eau, et donner en outre à l'élève du bon foin avec des racines découpées. On ira ainsi jusqu'à la septième semaine, époque à laquelle on peut réduire le veau au lait écrémé, ou même à l'eau simple avec de bon fourrage soit vert soit sec, des racines et un peu de grain. Le pâturage ne peut qu'être avantageux, pourvu qu'il soit abondant et peu éloigné de l'habitation.

Un principe à retenir en élevage, c'est que plus on prolonge l'allaitement, soit à la mère, soit au seau, dans les limites de trois mois, mieux cela vaut pour les élèves.

Un autre principe , c'est que l'on ne saurait leur donner ni trop ni de trop bons aliments pendant la première année de leur vie. De là dépend leur avenir pour la force et pour la taille. La seconde année , on peut retrancher, sans inconvénient , une partie de cet excès de nourriture, sans qu'elle cesse toute fois d'être abondante soit à l'étable , soit au pâturage.

Les veaux destinés pour la boucherie sont, le plus généralement, tués à trois semaines. On les nourrit plus long-temps dans les environs des grandes villes, avec la certitude de les vendre avantageusement. Pour obtenir une chair plus blanche et plus succulente, on va même jusqu'à faire boire à un veau le lait de deux ou trois vaches, en ajoutant, comme tonique, un œuf ou deux de temps à autre. Ce mode d'engraissement donne promptement à ce veau un volume et un embonpoint considérables. C'est ce qu'on appelle veau de Pontoise, à Paris, et veau de Champagne dans ces contrées.

C'est au cultivateur à juger, d'après sa position, s'il lui est plus profitable d'employer son lait à l'élevage et à l'engraissement des veaux, ou bien de tirer autrement parti de cette substance si utile, puisqu'elle entre dans la préparation de beaucoup de nos aliments, et qu'on en fait le beurre et les fromages dont l'usage est si universel.

La personne qui trait ne doit absolument rien laisser dans le pis; toute négligence, à cet égard, diminue promptement la sécrétion du lait. Il ne faut non plus cesser de traire les vaches qu'environ un mois avant leur mise bas, afin qu'elles ne s'habituent pas à rester trop longtemps sèches. Cependant, comme les genisses doivent être ménagées pour leur faire achever leur croissance, il faut cesser promptement de les traire.

Au sortir du pis de la vache, le lait est passé dans un tamis de crin très-propre et rangé à la laiterie, soit pour être vendu dans cet état, soit pour servir à la fabrication du beurre et du fromage. Tu connais la manipulation de ces produits : elle est à peu près uniforme sur tous les points de nos contrées, et je ne crois pas devoir m'y arrêter ici.

Pour juger exactement de la valeur du présent que nous a fait la providence, en nous envoyant la race bovine, il suffit de supposer pour un moment qu'elle a disparu. Ce serait une affreuse calamité qui nous priverait, tout-a-coup, des deux sortes de viandes qui chargent continuellement nos tables, du lait et de tout ce qu'il sert à préparer, de deux ou trois espèces des meilleurs cuirs, de diverses matières propres aux arts, les cornes, les os, le poil, enfin d'un abondant fumier. Ce n'est pas tout encore, nous perdrions une bête de travail excellente qui, dans beaucoup de pays, est presque exclusivement employée au labourage, ainsi qu'à tous les transports qui se font dans les campagnes.

Nous avons déjà remarqué qu'il y aurait économie a la substituer aux chevaux pour les travaux agricoles. D'un autre côté, ce changement sans nuire à l'élevage des bons chevaux, ferait disparaître la race de chevaux dégradés dont nos campagnes sont affligées, en même temps qu'il pousserait à la multiplication et au perfectionnement de la race bovine.

Dans nos contrées où la coopération de cette race aux travaux des champs n'est que secondaire, on y emploie les bœufs seulement. Cependant les vaches de grande taille seraient très-propres à un bon service, pourvu qu'il fut modéré. De plus, le travail qu'on en obtiendrait ne coûterait presque rien à l'établissement auquel ces vaches sont nécesaires pour la réproduction et pour leur lait. C'est le même cas que celui des juments poulinic--

res dont il a été question dans notre entretien sur les chevaux.

On attèle ici les bœufs deux à deux au moyen d'une pièce de bois fixée sur leur col par un autre bois flexible et nerveux qui, faisant le tour du col, enfonce ses deux extrémités dans cette sorte de joug. Tu vois que cet attelage est défectueux, en ce qu'il fait peser la force du tirage sur le cou des animaux qu'il écrase et écorche souvent.

Dans d'autres endroits on attèle une paire de bœufs au moyen d'un joug fixé aux cornes avec des courroyes, cette méthode me semble fort préférable à l'autre. Toutes deux étaient connues de l'antiquité. Je leur substituerais volontiers l'usage d'un collier léger qui s'ouvre par le haut ayant le point d'attache des traits au milieu de sa longueur. Cette manière d'atteler procure au bœuf plus d'aisance, et, par conséquent, une allure plus dégagée, elle lui permet, d'autre part, de tirer en plein du poitrail et des épaules, en ajoutant à ses forces tout le poids de son corps.

De quelque façon qu'on l'attèle, le bœuf doit être mené sévèrement, sans brutalité. Que les corrections lui soient appliquées à propos et soient toujours précédées d'un avertissement. Il faut l'habituer à craindre son conducteur, à obéir à sa voix, autrement il devient paresseux et prend des allures très-lentes. Si, d'autre part, on l'étourdit par des cris et des coups donnés sans mesure et mal à propos, l'animal devient farouche et difficile à dresser.

On connait l'âge des bœufs à leurs dents incisives qui n'existent qu'à la machoire inférieure au nombre de huit. Elles poussent peu de temps après la naissance et sont remplacées par les grosses dents dans l'ordre suivant : à deux ans les deux du milieu ; à trois ans les deux voisines ; à quatre ans les deux qui suivent ; à cinq ans les deux dernières. Je dois dire que par fois les quatre dernières tombent ensemble à quatre ans. On peut aussi, jusqu'à un certain point, supputer l'âge, surtout des vaches, par l'examen des cornes, en comptant pour un an chaque bourrelet qui est à leur base, à l'exception du dernier qui compte pour trois, mais de telles indications ne doivent être considérées que comme approximatives.

Il ne faut atteler les bœufs qu'à l'âge de quatre ans, et ne les faire travailler jusqu'à sept qu'avec modération, afin de ne pas nuire à leur croissance qui se prolonge jusqu'à huit et neuf ans, époque à la quelle ils sont déja usés le plus souvent dans ce pays, bien qu'ils ne devraient être encore qu'en pleine vigueur. Cela tient à l'insuffisance de nourriture dont nous avons parlé, et à ce qu'on les attèle d'ordinaire à trois ans, quelquefois même avant.

De tout ce que je viens de dire, ressort ce me semble d'une manière fort claire, pour toi, mon ami, la réponse à la question qui, de ta part, a fait le début de cet entretien. Savoir : pourquoi nos contrées auxquels rien ne devrait manquer pour un bel élevage de bétail à cornes, ne possèdent néanmoins qu'une race dégradée.

Si, comme je le crois, je ne trouve pas autour de nous des bœufs assez forts, pour qu'une paire puisse faire un bon service de labour avec l'araire, il ne me sera pas difficile d'en tirer de quelque pays d'élevage perfectioné comme l'Alsace, par exemple. Dans ce cas ce serait une vraie satisfaction pour moi, si la présence de bœufs plus beaux, plus grands, plus vigoureux, avait assez de force pour déterminer les cultivateurs mes voisins, à tenter quelques améliortions dans leur système d'élevage.

CHAPITRE III.

—

DES BÊTES A LAINE ET DES PORCS.

LE PÈRE. — Les bêtes à laine vont avoir aujourd'hui leur part de nos observations. Buffon remarque « qu'étant privées de tous moyens de défense, elles ont dû être placées, dès le commencement, sous la sauvegarde de l'homme. » En effet, l'histoire sacrée nous apprend qu'un des premiers nés d'Adam, le pieux Abel, était pasteur de brebis. Depuis lors, elles ont traversé les siècles sans rien perdre de notre estime.

ADOLPHE. — Cela est bien vrai, mon papa, pour mon compte j'ai toujours beaucoup aimé les moutons. Au collège, lorsque je traduisais des morceaux de Théocrite et les *églogues* de Virgile, j'aurais voulu devenir un Ménalque ou un Tityre.

LE PÈRE. — Bien d'autres que toi ont fait ce qui s'appelle, en style de salon, *de la bergerie;* mais tous ces tableaux d'une vie douce et pure, ne représentent que des songes riants sans réalité. Les cruelles passions de l'homme, ont dû, dans tous les temps, dénaturer les bienfaits de son créateur. Le meurtre de ce même Abel, dont je viens de parler, ne prouve que trop cette triste vérité.

Mais laissons la morale, et revenons à nos moutons qui, du reste, justifient de tous points notre prédilection à leur égard, puisque, si l'on excepte le travail que l'on obtient de la race bovine, celle de la brebis ne lui cède guère. Elle fournit nos boucheries d'une viande savoureuse, nos fabriques d'une laine aussi fine que la soie, et donne également son lait partout où le besoin s'en fait sentir : mais ce lait est dédaigné dans nos contrées où les bêtes à cornes sont en grand nombre.

Ce bétail, comme tout autre, ne dédommage des dépenses de son entretien, que lorsqu'il est bien soigné et parfaitement nourri. On l'a souvent trop vanté au dépends du bétail à cornes, et le contraire a eu lieu également. Cela venait de ce que l'un était trop négligé, tandis que tous les soins se reportaient sur l'autre. J'ai eu plus d'une fois occasion de remarquer cette partialité dans des établissemens où les deux branches d'industrie se trouvaient réunies. Une telle association néanmoins, mieux entendue, doit être avantageuse au cultivateur dont l'exploitation possède des pâturages et des fourrages de qualité différentes, convenant mieux les unes brebis les autres aux bêtes à cornes.

Lorsque celles-ci sont nourries à l'étable, les moutons auxquels ce mode d'entretien ne convient pas, ont pour eux tous les parcours qu'ils nétoient bien aux mieux que ne le feraient d'autres animaux.

Dans l'économie des bêtes à laine, on distingue deux spéculations : la première a en vue l'élevage et rend nécessaire un troupeau permanent composé de mères, de béliers et d'agneaux. La seconde n'ayant pour objet que la production de la laine ou de la graisse, agit sur un troupeau temporaire, qu'on vend et qu'on remplace le plus souvent possible. Elle convient particulièrement aux exploitations placées sur un sol humide, où le pâturage un peu prolongé donne aux moutons la cachéxie aqueuse dite pourriture, maladie toujours suivie de la mort à la fin du premier hiver, mais dont le germe favorise la production de la graisse. Il est très-important quand on achète des moutons, surtout avant l'hiver, de savoir reconnaître s'ils sont atteints de ce mal. Les principaux signes sont la couleur des yeux et le manque de force. Si les vaisseaux dont le blanc de l'œil est parsemé sont comme effacés et qu'il ait une couleur terne; si, d'autre part, l'animal se

laisse prendre les pieds de derrière sans les retirer vivement et qu'il fléchisse pour peu qu'on appuie sur sa
croupe, il est attaqué de la cachéxie.

Les troupeaux permanents doivent être éloignés
avec le plus grand soin de tout pâturage humide. Les
sols secs eux-mêmes, seulement mouillés de pluie ou
de rosée, deviennent dangereux. Aussi quand les moutons sont lâchés, et qu'ils peuvent manger en tout temps,
on remarque qu'ils ne touchent à l'herbe, que quand elle
est bien ressuyée.

Les races de bêtes à laine sont très-variées. La plus
productive, sans contredit, est la race à laine fine d'Espagne, dite mérinos. Importée en France peu de temps
avant la révolution de 1789, elle s'y est propagée pure,
et a produit de nombreux croisements avec les anciennes
races du pays, dont la laine était plus ou moins grossière.
Presque tout ce que nous voyons de moutons dans ces
contrées, vient de croisements semblables. Lorsqu'on
a un troupeau d'élevage, on ne saurait mettre trop de
sollicitude ni de soins pour le perfectionner, et pour
peu que ce troupeau soit nombreux, il y aura grand
bénéfice à se procurer un ou plusieurs béliers de choix,
tirés des exploitations où le sang espagnol s'est maintenu
sans mélange.

La seconde spéculation, qui consiste à souvent changer son troupeau, a pour objet, t'ai-je dit, la production
de la laine ou de la graisse. Il va sans dire que, pour
le premier des deux cas, la finesse de la laine importe
beaucoup. Le cultivateur, d'après cela, doit faire
grande attention à la taille ainsi qu'à la toison des moutons qu'il achète. C'est d'ordinaire à l'arrière saison
qu'on se procure des moutons, dans le seul but d'avoir
leur laine. Ce mode s'appelle hivernage.

Celui qui spécule sur la graisse, au contraire, achète
à toute époque de l'année, pour mettre à profit les four-

7

rages ou les parcours qu'il peut avoir à sa disposition. La finesse de la toison doit lui importer peu, car il est certaines races à laine grossière, qui s'engraissent très-facilement, et qui fournissent une chair particulièrement savoureuse. Je te citerai entre autres, la race ardennaise qui vit dans des landes du côté de Neuchâteau, et qui se reconnaît facilement à ses jambes et à sa tête rousses.

. La nourriture d'hiver des moutons se compose, le plus souvent, de paille et de foin. Ils se trouvent très-bien d'une addition de betteraves, de carottes, ou de navets et de grain. Bien que beaucoup de personnes prétendraient le contraire, je n'oserais affirmer que la pomme de terre ne leur donnât pas le germe de la pourriture. Une grande propreté, des courants d'air bien placés dans les bergeries, sont, en toute saison, nécessaires à la santé des bêtes à laine. Il faut les faire boire chaque jour, dans les temps où elles ne vont pas en pâture. Il n'y a nul inconvénient, par les froids secs de l'hiver, à les lâcher trois ou quatre heures. Elles peuvent même alors fréquenter les prairies basses qui, dans ce cas seul, ne leur sont pas nuisibles.

Ainsi que je te l'ai dit, en te parlant de nos végétaux agricoles, le seigle, la vesce, la lupuline, la spergule, le trèfle blanc, la navette se sèment avec avantage pour le pâturage des bêtes à l'aine. Il faut les surveiller très-soigneusement lorsqu'on les met dans un trèfle ou une luzerne, parcequ'elles se gonflent au moins aussi aisément que les bêtes à cornes. On arrête parfois l'effet du mal en jetant à l'eau les brebis gonflées ou en pressant leur ventre par secousses.

Je t'ai déjà parlé du parcage qui consiste à enfermer la nuit les bêtes à laine dans une enceinte qu'on change de place à volonté, méthode très-commode pour fumer des terres éloignées et d'un abord difficile. Du reste, elle a l'inconvénient d'exposer les moutons aux grands

vents et aux pluies qui leur donnent des rhumes et
des toux opiniâtres. Pour éviter ces accidents on ne
doit faire parquer les bêtes à l'aine que dans les beaux
temps, en ajoutant le soin de les rentrer quand on est
menacé d'orages. Un berger attentif les ramène aussi
à l'étable, ou du moins les met à l'ombre sous des
arbres dans les heures les plus chaudes des jours d'été.
Un principe à ne jamais perdre de vue pour l'économie
des bêtes à laine, c'est que l'humidité, le froid poussé
par le vent et la grande chaleur leur sont très-nui-
sibles.

Aussi un moment fort critique pour elles est-il celui
de la tonte ou on les dépouille subitement du vêtement
épais si bien fait pour garentir ces animaux délicats de
l'intempérie des saisons. Afin de rendre cette opération
aussi peu fâcheuse que possible, le cultivateur doit choisir pour la faire un temps chaud, et dans les premiers
jours qui la suivent, garantir le troupeau avec plus de
soin que jamais de tout excès de froid, de chaleur et
d'humidité.

L'usage dans ce pays est de laver les moutons avant
de les tondre, ce qui rend l'opération encore plus délicate. On ne peut néamoins s'en dispenser, parcequ'on
ne trouverait pas l'écoulement des laines non lavées,
à moins de les transporter dans une contrée telle que
celle des environs de Paris, où les marchands les re-
cherchent, et où, par conséquent, les propriétaires de
troupeaux ne se trouvent pas dans la nécessité d'effectuer ce lavage, presque toujours mal sain pour les
moutons, surtout si la température devient froide après
la tonte qui se fait le plus souvent dans la dernière
quinzaine de mai. Elle est d'ordinaire confiée à des
femmes dont beaucoup tondent imparfaitement quoi
qu'avec lenteur, et en fesant souffrir les brebis. On
agira donc sagement de remettre ce travail, quand on

le pourra, à des tondeurs de profession, et dans tous les cas, de le surveiller sans relâche, afin d'obliger à couper la toison aussi ras que possible.

Les brebis portent environ cinq mois. Comme il est essentiel que les agneaux viennent à peu près tous ensemble, on doit calculer le moment auquel on désire les avoir, et, en conséquence, donner les béliers aux femelles soit à leur première chaleur qui a lieu à la sixième. L'une, après la mise bas, soit à leur seconde chaleur qui se manifeste quinze jours ou trois semaines après. Je préfère la première époque parce que les agneaux sont plus avancés et plus forts : mais comme ils arrivent au cœur de l'hiver, il faut être pourvu d'assez de fourrage pour nourrir largement les brebis, afin qu'elles aient abondance de lait jusqu'à l'époque du pâturage et qu'elles nourrissent elles-mêmes parfaitement leurs agneaux. La crainte de manquer de vivres est la seule considération qui puisse engager le cultivateur à retarder l'agnelage jusqu'en mars.

Les agneaux doivent téter de quatre à cinq mois et être sevrés peu à peu, ce qu'on fait en les séparant plus souvent de leurs mères et en leur donnant d'ailleurs une nourriture plus abondante. Les agneaux mâles sont coupés d'ordinaire à quatre semaines.

Si on tient à se procurer une race grande et vigoureuse, il importe de ne laisser faire le saut aux béliers qu'à leur troisième année, comme aussi d'en éloigner les brébis avant cet âge. Trente brebis environ seront assez pour un bélier. Si on lui en donnait un nombre beaucoup plus considérable, il serait promptement ruiné et n'engendrerait que de faibles agneaux.

ADOLPHE. — Voici, mon papa, le troupeau du village qui revient. Montrez-moi donc les individus qui proviennent du croisement avec la race d'Espagne.

LE PÈRE. — Presque tous en proviennent. Cependant en voici un qui à sa laine bien plus haute se reconnait pour être de race pure du pays : il suffit pour te faire juger de la différence. Arrête le, je te dirai son âge. Vois, il a, comme les bêtes à cornes, huit dents incisives : mais les deux du milieu sont beaucoup plus grosses que les autres : elles en ont remplacé deux également petites à dix-huit mois. Il a environ deux ans et s'appelle Antenois. Bientôt les deux suivantes seront remplacées par deux grosses, il aura trois ans et sera une bête de quatre dents. Un an après deux dents tomberont encore et seront remplacées de même, il aura alors quatre ans. Enfin à cinq ans les dernières dents de lait, celles des coins, tombent aussi, la bête alors a la bouche faite.

ADOLPHE. — Ah! mon papa, comme il méchappe subitement! Quelle terreur semble l'avoir saisi ainsi que ses voisins!

LE PÈRE. — Leur frayeur vient des cochons qui arrivent derrière toi, probablement pour se vautrer dans cette mare.

ADOLPHE. — En effet les y voilà en plein.

LE PÈRE. — Eh bien! cet animal qui, comme tu le vois, se roule avec volupté dans la fange, est peut-être celui auquel la malpropreté est le plus nuisible, lorsqu'il est renfermé. Tu verras toujours le cochon libre ou tenu en loge, se réserver, pour dormir, une place sèche, sur laquelle il accumulera la litière qui se trouvera à sa portée.

Des cochons tenus proprement, profiteront toujours infiniment mieux que s'ils étaient négligés sous ce rapport, et l'on peut dire qu'une litière souvent renouvelée leur est indispensable lorsqu'ils sont toujours enfermés. Il devient moins nécessaire de la changer fréquemment quand le plancher des loges est percé ou disposé en pente pour le prompt écoulement des urines,

cas auquel on sacrifie en partie un fumier qui est loin
d'être sans qualité, comme bien des personnes le croient,
Du reste, je le répète, il faut maintenir propres les
loges à cochons de quelque manière que ce soit.

Mais, le mieux pour la santé de ces animaux, est une
liberté entière ou partielle qu'on leur donne, soit en
les envoyant en pâture, sous la conduite d'un gardien,
soit en les lâchant dans des parcs formés d'une clôture
assez solide pour les empêcher de la traverser.

ADOLPHE. — Vous m'en avez montré, l'année dernière, aux environs de Reims, qui sont parqués de la
sorte.

LE PÈRE. — Cela est vrai. Ce sont des porcs de race
anglaise qu'on élève là avec beaucoup de soins. On leur
procure ainsi un exercice généralement fort avantageux
aux cochons et que même on a reconnu leur être indispensable pour la propagation : c'est au point que des
porcs mâle et femelle, bien soignés du reste, mais
toujours renfermés étroitement, le plus souvent ne
s'accouplent pas. Aussi, dans tous les pays d'élevage,
mène-t-on les cochons sur des landes ou dans les bois.
Ce dernier parcours, ainsi que celui des marais où
ils trouvent beaucoup de vert, leur est spécialement
propre. On les engraisse même dans les forêts, à la
saison des glands et des faines ; mais il faut pour cela
qu'ils y restent nuit et jour, autrement la fatigue du
chemin, pour peu qu'il fût long, les empêcherait de
prendre la graisse.

Quand le pâturage des porcs n'est pas très-abon-
dant, on complète au retour la ration nécessaire avec
des issues de la laiterie, des sons, des pommes de
terre cuites, des grains de toutes sortes moulus. Le
cochon mange les viandes crues ou cuites et triture les
os avec une voracité qui dénote un goût particulier
pour la chair, aussi la nourriture qui lui convient le

mieux est celle qui contient le plus de farine ou de substances animales. Une légère fermentation la rend aussi plus agréable. Du reste, il est est omnivore puisqu'il s'accommode très-bien de trèfle, de vesce, de la luzerne verte, même d'herbe. Mais si de tels aliments lui suffisent pour vivre ils ne peuvent le faire amander, ni le maintenir apte à la reproduction, sans une addition de substances animales ou farineuses.

Un bain quelconque est aussi fort utile au cochon pour le maintien de sa santé et pour faciliter sa croissance ; on doit donc conseiller au cultivateur de le laver de temps en temps, ou de lui faire traverser, quand cela se peut, quelque flaque d'eau assez profonde pour baigner la plus grande partie du corps.

ADOLPHE. — L'élevage de ces animaux forme-t-il une spéculation avantageuse, mon papa.

LE PÈRE. — Cela dépend du prix courant des jeunes porcs, et ce prix est très-variable. Quand ils sont chers, beaucoup de personnes alléchées par l'espérance d'un bénéfice notable, se mettent à nourrir des truies et produisent des petits cochons. Les marchés s'en trouvant ainsi bientôt surchargés, ils sont donnés à vil prix. On se dégoûte alors de l'élevage, on tue les truies et les jeunes porcs reprennent une valeur convenable.

Dans aucun cas, la production de ces animaux n'est vraiment avantageuse que l'orsqu'on a la faculté d'envoyer les truies au pâturage dans les bois ou sur des landes. Là elles trouvent une partie de leur nourriture sans autre dépense que celle du gardien et prennent l'exercice sans lequel, ainsi que je te l'ai dit, l'élevage des porcs ne peut prospérer.

Il importe de ne jamais accoupler ensemble de proches parents; car, plus que tout autre animal, celui-ci dégénère rapidement par l'effet de la consanguinité.

Bien qu'il soit en état de s'accoupler dès l'âge de six mois, il est convenable de ne faire couvrir les femelles et saillir les mâles que quand ils ont de dix à douze mois, afin de ne pas nuire à leur croissance.

Les mâles et femelles conservent sans doute plusieurs années les facultés génératrices, mais comme leur chair serait trop dure dans un âge avancé, on s'en défait d'ordinaire assez promptement, et avec raison, ce me semble, attendu la facilité avec laquelle on peut toujours les remplacer. Je conseillerais de garder les mâles deux ou trois ans et de renoncer à une truie dès que ses portées deviennent tardives ou lorsqu'elles ne présentent plus le même nombre de petits.

Elles se composent quelquefois de quinze à dix-huit individus : j'en ai vu une de dix-sept. Mais les truies n'en nourrissent jamais un nombre plus élevé que celui de leurs mamelles. Aussi doit-on toujours choisir pour la réproduction celles qui en ont le plus, en rejettant absolument celles qui en ont moins de huit. Elles portent 114 jours. Les petits sont bon à sévrer à six semaines. On doit même retirer au bout d'un mois les plus forts de la portée. On leur donne pendant quelque temps du laitage, ou du moins une nourriture choisie et substantielle sous peu de volume. Ce sévrage est très-facile.

Les truies rentrent en chaleur quelque temps après ; elles font donc au moins deux portées par an. Il faut s'arranger toujours de façon à ce qu'elles arrivent l'une au printemps l'autre en automne. Quand les jeunes cochons viennent en hiver, ils périssent souvent par suite du froid qui leur est mortel au moment de la naissance.

Il convient de bien nourrir les truies prêtes à mettre bas, et de les placer dans des loges spacieuses. De plus il importe que quelqu'un soit présent au part, pour retirer à mesure qu'ils naissent les jeunes cochons

qui, sans cette précaution, courent risque d'être écrasés par leur mère dans les efforts de la mise-bas, et,
en outre, pour empêcher celle-ci de manger son arrière
faix, ce qui pourrait lui donner envie de dévorer quelques-uns de ses petits.

ADOLPHE. — Comment, mon papa les truies
mangent quelquefois leurs enfants?

LE PÈRE. — Oui, mon fils, j'ai eu occasion d'en
voir qui même long-temps après le part, mangeaient
ceux dont la complexion paraissait rachitique et ma-
ladive. Il faut donc avoir grand soin de ne jamais les
laisser souffrir de besoin, dans toute la durée de l'allaitement, pour que la faim ne les pousse point à cet acte
révoltant. Il faut aussi ne leur donner qu'une litière
courte pas trop abondante, de peur que les petits s'introduisant dessous ne soient ensuite écrasés par la truie.

ADOLPHE. — La race anglaise que nous avons vue
près de Reims, a-t-elle des vantages particuliers?

LE PÈRE. — Je la crois préférable à nos races sous
plus d'un rapport. Il lui faut moins de nourriture pour
atteindre le même poids ou même un poids supérieur.
Elle est plus rustique et par conséquent moins sujette
aux maladies qui, assez souvent, font périr un grand
nombre de porcs dans nos campagnes. Ayant la char-
pente osseuse beaucoup moins forte, elle donne beaucoup plus de viande sur un poids égal; enfin cette viande
passe, aussi bien que le lard, pour avoir quelque chose
de plus en qualité.

Du reste il ne faut pas confondre cette race anglaise
dite du Hampsire avec une autre plus connue en France,
sous le nom de race anglo-chinoise ou du Tonquin.
Cette dernière est souvent du même poil que l'autre,
c'est à dire ou noir ou blanc ou mélangé de ces deux
couleurs. Ses jambes sont plus courtes, son corps encore
plus ramassé, sa croissance beaucoup plus lente. On

7*

ajoute que la chair en est molle et peu estimée, aussi s'en dégoûte-t-on, tandis que la race pure du Hampsire prend chaque jour plus de faveur autour des établissements encore peu nombreux qui en font l'élevage. Il est à désirer qu'elle se propage de plus en plus, sans dégénérer.

ADOLPHE. — Quelles sont mon papa, les principales races du pays?

LE PÈRE. — J'en connais deux bien distinctes. La race normande, haute sur jambes, fortement charpentée, ayant l'oreille pendante en avant; elle est susceptible d'atteindre un poids considérable; mais elle est délicate et difficile sur le choix des aliments: La race ardennaise à oreille plus droite, beaucoup plus basse sur jambes et plus ramassée de corps que l'autre; elle est en même temps plus rustique, plus facile à engraisser, mais sans arriver jamais à un poids aussi élevé. Viennent ensuite une foule de variétés provenant des croisements continuels de ces deux races et des métis entre eux.

On trouve dans diverses parties de la France d'autres races noires, blanches ou mélangées que je ne crois pas supérieures à celles de nos contrées, lesquelles à tout prendre me paraissent très-recommandables, bien que je leur préfère celle du Hampsire pour les motifs que je t'ai indiqués.

On tue d'ordinaire à l'âge de quinze à dix-huit mois les cochons mis à l'engrais. Tu sais de quelle ressource sont pour nos campagnes leur chair, leur lard et leur graisse.

ADOLPHE. — Sans parler des friandises telles que l'andouille, la petite saucisse et le boudin. J'aimais tout cela de passion dans mon enfance; aussi était-ce avec un vif sentiment de joie que je voyais briller la flamme des lits funéraires qui servent à griller ces pauvres bêtes.

LE PÈRE. — Il existe encore des animaux qui ailleurs ne restent pas en dehors des spéculations agricoles, ce sont la chèvre, l'âne et le mulet qui est le produit de l'âne et du cheval. Peu difficiles sur le choix de la nourriture et ayant un pied excellent, ils conviennent surtout aux pays de montagnes, mais l'agriculture de nos contrées n'en a pas besoin : aussi n'y voit-on qu'un petit nombre d'ânes et de mulets dont les uns sont employés par les meuniers et les autres par les charbonniers. La chèvre commune qui, ailleurs, nourrit le montagnard de son lait et de sa chair est également dédaignée dans la plus grande partie de nos contrées, et on ne peut le regretter.

On a importé en France de la Tartarie, il y dix-huit ans environ, la race précieuse des chèvres qui fournit le duvet propre à la fabrication des tissus de Cachemire. Je ne la crois pas encore fort répandue ; mais quand on pourra s'en procurer facilement des individus, l'élevage de cette variété deviendra un moyen nouveau de spéculations agricoles ; aujourd'hui elle n'offre encore d'intérêt qu'aux riches propriétaires et aux amateurs.

ADOLPHE. — Ainsi, mon papa, notre cours d'agriculture est terminé ?

LE PÈRE. — Pas encore. Tu dois te souvenir que j'ai ajourné tout d'abord la comptabilité rurale, en la renvoyant à la fin de notre cours, pour que la connaissance des objets qu'elle embrasse, te mette à même de la mieux comprendre et de mieux en apprécier toute l'importance. Voici le moment de nous en occuper ; mais, comme il est tard, remettons cette dernière partie de nos entretiens à une autre séance qui aura lieu à la maison, car il sera nécessaire de jeter sur le papier quelques chiffres.

CHAPITRE DERNIER.

—

DE LA COMPTABILITÉ.

LE PÈRE. — Terminons aujourd'hui, mon ami, notre
petit cours par quelques notions sur la comptabilité agricole dont tu sais que l'objet est d'éclairer toutes les opérations d'un établissement rural, en montrant au cultivateur d'où viennent ses bénéfices et ses pertes et quel en
est le chiffre.

La base indispensable d'un tel travail est une estimation exacte de toutes les parties du capital de l'exploitation.

ADOLPHE. — Sans doute ; et, au moyen d'une seconde estimation faite à la fin de l'année, on sait par
le rapprochement de celle-ci avec la première, si on
est en bénéfice ou en perte

LE PÈRE. — C'est cela même. La dernière estimation nécessaire pour terminer la comptabilité d'un an,
sert à recommencer celle de l'année d'en suite. L'instant le plus convenable pour la faire est le commencement de juin, époque à laquelle la plupart des produits
sont consommés ou vendus.

Si la comptabilité se bornait à cet inventaire annuel,
elle n'atteindrait que la moitié de son objet : elle pré-
senterait le chiffre exact de la perte ou du bénéfice,
mais elle ne montrerait pas au cultivateur qu'elles sont
les branches qui lui donnent le bénéfice ou la perte ;
chose d'une grande importance pour le guider dans sa
marche.

ADOLPHE. — Ne suffit il pas, mon papa, pour voir
si on a perte ou bénéfice sur une branche quelconque,

de mettre simplement d'un côté toutes les valeurs qui lui ont été consacrées, et de l'autre les valeurs qu'elle a produites dans le courant de l'année. Par exemple, à l'égard d'un champ de blé, je me dirai il a reçu tant en engrais, en labour, en semence, en frais de fauchage et de moisson : il m'a produit tant de gerbes qui m'ont donné tant en grains et tant en paille. Si le produit est supérieur, j'ai du bénéfice, s'il est moindre j'ai de la perte.

LE PÈRE. — Je vois, mon ami, que jusqu'ici tu comprends très-bien, maintenant entrons dans quelques détails que je crois nécessaires.

Ainsi que tu viens de le dire, on compare dans chaque partie de l'exploitation ce qu'elle a reçu avec ce qu'elle a produit. En première ligne de ce qu'elle a reçu se trouve le capital qui lui est appliqué dès le commencement de l'année, et d'ont l'estimation figure au premier inventaire.

EXEMPLE.

Le compte des vaches a reçu l'estimation faite à l'inventaire. Premier, Juin 1837 dix vaches valant ensemble . . . . 1500 fr. »

Leur nourriture pendant toute l'année. 1930 »

Nourriture et gages du vacher. . . . . . 300 »

Réparations diverses. . . . . 150 »

3880 »

Dans le compte du produit, on établit également l'estimation du capital qu'on lui retrouve à l'inventaire de l'année suivante ;

EXEMPLE.

Le compte des vaches a produit : Estimation de la vacherie à l'inventaire. Premier Juin 1838, neuf vaches valant ensemble. . . . . 1300 fr. »

A reporter. . . . . 1300 »

Report . . . . 1500 fr. »

12600 litres de lait à 10 centimes le litre. 1260 »
1825 brouettes de fumier, à 20 centimes. 365 »
Une vache vendue. . . . . 200 »
Huit veaux à 15 fr. l'un. . . . . 120 »

Total du produit. . . . . 3245 »
Le même compte avait reçu . . 3880 »

Ainsi les vaches ont produit . . . . . . 555 »
de moins que ce qu'elles avaient reçu, ce qui constitue
perte.

Ce qu'un compte a produit ou donné, d'autres le re-
çoivent : ainsi le lait passe à la laiterie, le fumier au
tas, la vache vendue à la caisse, les veaux aux bêtes
d'élevage. Quand à l'inventaire qui termine l'année, il
passe au compte de l'année suivante. Réciproquement,
ce qu'un compte reçoit lui est donné par d'autres comptes. C'est là cette marche sans cesse active du capital
circulant, lequel, comme le sang dans le corps des
animaux, porte la vie dans toutes les branches de
l'exploitation, et ressort de chacune sous de nouvelles
formes.

ADOLPHE. — Ainsi, mon papa, chaque article de
comptabilité se trouve répété deux fois, puisqu'il est
placé au reçu d'un compte et au produit d'un autre.

LE PÈRE. — C'est ce qui a fait donner à cette méthode le nom de comptabilité en partie double.

La somme des différents reçus et produits y est toujours égale, à moins d'erreurs, après qu'on a retranché
des reçus la somme du premier inventaire et des produits de la somme du second.

On nomme balance l'opération qui consiste à compa-
rer les reçus avec les produits.

Pour la clarté des comptes on établit le reçu et le

produit en regard l'un de l'un de l'autre de la manière
suivante :

EXEMPLE.   **BLÉ D'AUTOMNE 1838.**

A REÇU.   A DONNÉ.

A REÇU		A DONNÉ	
De l'exercice 1837. Inventaire des sommes et travaux appliqués au blé à récolter en 1838.	2000 »	Au compte de gerbes, 600 gerbes	3900 »
Du compte engrais enterrés 1/3 de la fumure appliquée à la culture sarclée de 1834.	300 »		
Du compte général des travaux et frais de moisson	800 »		
Du compte impôts	110 »		
Du compte frais divers, répartition de ces frais. . . .	60 »		
	3270 »		

Différence ou bénéfice. . . . . 630 francs.

ADOLPHE. — Je comprends cette marche ; mais
veuillez m'expliquer quelques détails. Par exemple
l'article engrais enterré, tiers de la somme appliquée
en 1834.

LE PÈRE. — En te parlant des assolements, je t'ai
dit, si tu t'en souviens, que les engrais appliqués au
sol ne sont pas absorbés par les plantes fauchées en
fleurs, mais uniquement par celles qui ont fructifié,
soit en grains, soit en racines, et encore ces dernières

doivent-elles être arrachées. On établit dans la comptabilité un compte d'engrais en terre ou enterrés, lequel reçoit les fumiers, plus, les frais de transport, et qui les distribue aux récoltes épuisantes, d'après les règles suivantes : Les fumures légères données superficiellement avec un engrais actif tel que la poudrette ; le fumier de mouton, le parcage, la colombine, sont portées en entier au reçu de la première récolte épuisante qui suit leur application. Les fortes fumures qu'on donne au sol au commencement des assolements et qui sont presque toujours suivies de trois récoltes épuisantes, se répartissent par tiers sur les trois récoltes. Dans l'exemple dont je me suis servi tout-à-l'heure, j'ai supposé un blé d'automne sur trèfle, dans l'assolement alterne de quatre ans, de la manière suivante : Culture sarclée fumée, céréale, trèfle, blé. Les deux premiers tiers de la fumure ont été absorbés par la culture sarclée et par la première céréale, le dernier tiers l'est à son tour par la seconde céréale de l'assolement et doit passer à sa charge dans la comptabilité. Les engrais enterrés sont estimés à l'inventaire comme tout autre capital, et pour cela on retranche de la valeur de ces engrais, après leur application, les portions mises à la charge des récoltes épuisantes qui en ont profité.

ADOLPHE. — Voilà déjà un point éclairci. Mais qu'entendez-vous, mon papa, par le compte général des travaux et le compte frais divers.

LE PÈRE. — Il doit exister dans la comptabilité agricole certains comptes dont l'unique objet est de rendre sa marche plus claire et plus aisée, et que, pour cette raison, je nommerai comptes auxiliaires : les deux que tu remarques sont de cette espèce. Le compte général des travaux reçoit tout le travail des bœufs, des chevaux, des valets, des ouvriers, et le répartit ensuite sur chaque branche de l'exploitation. Ce compte frais divers reçoit certains frais qui n'ont aucune application spéciale dans l'exploitation, et qui se répartissent sur les diverses branches, en raison de leur importance, laquelle est déterminée par le capital qui, déjà, leur est consacré. Dans une culture particulière, les frais se composent principalement de la portion des dépenses de ménage qui ne s'appliquent pas directement à la nourriture des domestiques et des ouvriers.

ADOLPHE. — Sur quoi, mon papa, établissez-vous la valeur des gerbes, quand vous indiquez que le blé a rendu tant de gerbes qui valent une somme de....?

LE PÈRE. — On ne peut établir la valeur des gerbes qu'après leur battage. On ouvre un compte de gerbes qui présente à son reçu les gerbes sortant des mains des moissonneurs, plus, les frais de transport dans les meules et dans la grange, ainsi que les frais de battage.

Ce compte d'autre part, donne la paille et le grain aux comptes de pailles et de grains en magasin. Pour établir la valeur des gerbes prises au champ, comme le compte blé les donne, et comme le compte gerbes les reçoit, on répartit sur chacune d'elles la valeur de la paille et du grain, moins les frais de transport et de battage.

EXEMPLE.

A REÇU.	*Gerbes.*	A DONNÉ.	
Du compte blé d'automne, 6000 gerbes, à 66 centimes l'une. . . .	3900 »	Au compte blé en magasin. 860 hectolitres de blé à 10 fr. l'un	3600 »
Du compte général des travaux, frais de transport et battage	300 »	Au compte paille en magasin, 60 milliers de paille à 10 fr. l'un. . .	600 »
	4200		»

ADOLPHE. — Ainsi, mon papa, les moindres choses trouvent leur place dans la comptabilité agricole.

LE PÈRE. — Sans doute, et c'est là un de ses plus grands avantages, en ce qu'elle oblige le cultivateur à être parfaitement bien au courant de ses affaires, et à surveiller activement toutes les branches de son exploitation. Il doit enregistrer chaque soir les opérations de la journée. Il lui faut, à cet effet, plusieurs registres dont un pour la caisse, divisé en deux colonnes, la première pour la recette, l'autre pour la dépense. Il en aura pour le travail, un second qui pourra être disposé à peu près comme il suit :

(Voir le tableau ci-contre).

DATES.	NATURE DES OUVRAGES.	HEURES DE TRAVAIL.				
		CHEVAUX.	BOEUFS.	DOMESTIQUES.	OUVRIERS.	OUVRIÈRES.
Juin. 1er	Labouré 2 hectares. . .	40	»	20	»	»
	Fané le trèfle de la masse	»	»	6	10	40
	Ramené foin du pré Le Molleur.	»	8	4	4	»

Il faut encore un registre où l'on marque la consommation des divers animaux et leur produit en lait,
en fumier. Quant à leur travail, il est indiqué sur
le registre des travaux. Enfin, il faut établir clairement et avec soin tout ce qui arrive et tout ce qui se
fait : naissances, pertes, ventes, échanges, semailles,
récoltes, transports. A la fin de l'exercice, c'est-à-dire,
de l'année agricole, le cultivateur fait ses récapitula-
tions et établit les résultats en plaçant les reçus et les
produits en regard l'un de l'autre, comme je te l'ai
montré tout-à-l'heure.

L'énumération des divers comptes qu'il faut ouvrir,
serait, je crois, superflu en ce moment, je me borne
à te signaler le compte foncier qui est, en quelque
sorte, en dehors de la comptabilité courante, parce qu'il
dure plusieurs années.

On commence ce compte par l'estimation du fonds,
et on met chaque année à sa charge les dépenses en
améliorations diverses, telles que plantations, nivelle-
ments, défrichements, constructions. Quand on veut
terminer ce compte, ce qui d'ordinaire a lieu au bout
de chaque rotation d'un assolement, on fait une nouvelle estimation de fonds : le bénéfice ou la perte est la
différence en plus ou en moins qui ressort de la comparaison de cette seconde estimation avec la première,
laquelle est augmentée de toutes les sommes employées
en améliorations depuis l'ouverture du compte. Il est
entendu que ces sommes ont été reportées d'une année
sur l'autre jusqu'au moment de la clôture du compte
foncier. Tu saisis facilement toute l'importance qu'a
pour le propriétaire cette partie de la comptabilité,
puisqu'il doit comprendre parmi ses bénéfices l'augmentation de valeur de son fonds.

On a fait à la comptabilité en parties doubles, le
reproche d'être compliquée et difficile à saisir. Sans

ute elle exige une certaine étude; mais je ne la crois
mbrouillée aux yeux de bien des personnes qu'à cause
: certains mots techniques qu'on y emploie souvent
ec profusion, et dont j'ai pris à tâche de ne pas obs-
rcir les courts détails dans lesquels je viens d'entrer.

ADOLPHE. — Aussi, je crois les avoir passablement
sis. Du reste quelque mode qu'on emploie la compta-
ité doit-être un travail agréable pour le cultivateur,
i fait ainsi l'historique de son exploitation.

LE PÈRE. — Qu'est-ce encore que cela auprès de
vantage immense de s'éclairer surtout ce qu'on fait,
d'être ainsi en demeure de pouvoir s'arrêter, si on
trouve engagé dans une mauvaise voie!

Eh bien! mon cher Adolphe, voilà mes leçons ter-
nées, il me semble qu'elle ne t'ont pas trop ennuyé!

ADOLPHE. — Bien au contraire, mon papa, je les
l'un bout à l'autre écoutées avec un plaisir toujours
le.

LE PÈRE. — Si ce petit commencement d'instruc-
ne te sert pas à grand chose, je suis du moins bien
de t'avoir amusé, en même temps que cela m'a
né, pour mon propre compte, l'occasion de classer
s mon esprit, avec un peu de méthode, les éléments
griculture que j'avais recueillis çà et là.

Quelques jours après cet entretien, le père se trou-
t seul avec Adolphe reprit la conversation en ces
nes :

e serais bien tenté de t'adresser quelques questions
forme d'examen, pour savoir si tu as retenu quel-
chose des conversations agronomiques qui ont oc-
é nos promenades pendant les deux mois de vacances.

ADOLPHE. — Je ne demande pas mieux, mon papa,
eu trop de plaisir à vous écouter pour n'avoir pas
mon profit de ce que vous avez bien voulu m'ap-
adre. Voici d'avance ma réponse écrite à toutes vos

questions (il présente un cahier à son père) car immédiatement après chacun de nos entretiens, je me suis attaché à reproduire de mon mieux, sur le papier, ce que vous m'aviez dit d'essentiel. J'ai même laissé à ce résumé la forme d'une conversation.

Si après avoir parcouru mon petit travail, vous le jugez digne d'approbation, je m'applaudirai de l'avoir fait.

LE PÈRE. — Voyons, donnne ton cahier, et laisse-moi une heure de loisir pour l'examiner. (Adolphe s'éloigne tandis que son père parcourt les diverses parties du cahier) Quelque temps après il revient.

LE PÈRE. — Ce travail est bien, mon ami, toutes mes idées se sont fidèlement reproduites sous ta plume. Le soin que tu as mis à cette rédaction me prouve deux choses, l'une que tu as bien écouté, bien compris, bien retenu, l'autre que tes idées sur l'agriculture se sont quelque peu modifiées, depuis le jour où mon projet de faire valoir a excité de ta part une si vive explosion

ADOLPHE. — Cela est vrai, mon papa, vos leçons ont complètement déraciné mes préventions et je me plais à reconnaître aujourd'hui que l'agriculture est non pas une profession de manœuvre, comme je le pensais, mais un état distingué, quand on l'exerce comme vous voulez faire ; je me sens, qui plus est, du penchant à vous imiter : en un mot, vous m'avez inspiré votre propre goût.

LE PÈRE. — Mais ce goût si subitement éclos pourrait n'être, mon ami, qu'une fantaisie, qu'un éclair d'un moment.

ADOLPHE. — Je ne le crois pas, mon papa.

LE PÈRE. — Dans ces derniers temps des jeunes gens qui comme toi se sont pris d'une belle passion pour l'agriculture, n'y ont trouvé que mécomptes, parce qu'ils ont embrassé cette carrière sans examiner s'ils se trouvaient dans les conditions nécessaires pour la réussite.

Je laisse à part une de ces conditions : je veux parler des moyens d'exécution qui doivent être proportionnés à l'étendue de l'exploitation. J'arrive de suite aux qualités personnelles que doit posséder le cultivateur pour obtenir d'heureux résultats.

Il faut d'abord qu'après avoir nettement apprécié sa position il s'y attache. La profession d'agriculteur est noble, indépendante, riche en élémens de bonheur ; mais tous ces avantages sont nuls pour celui qui ne croit pas à leur existence. Être dans une heureuse position et croire le contraire, c'est être vraiment malheureux. Voilà, mon ami, comme je te l'ai déjà dit, la situation d'esprit de presque tous nos habitants de la campagne, pour lesquels l'existence de la ville qu'ils ne connaissent que de loin, est un objet perpétuel de jalousie. Aussi quand ils peuvent donner de l'instruction à leurs enfants, jamais cette instruction ne revient vivifier les campagnes. Ces enfants se font ecclésiastiques, professeurs, notaires, avoués, médecins, et l'agriculture reste aux mains des moins intelligents, ou de ceux dont les talents naturels n'ont été développés par aucune étude libérale. Voilà ce qui explique la remarque que j'ai faite souvent; savoir: que la plupart des hommes distingués qui, depuis un demi siècle, ont fait faire des progrès à l'agriculture, n'ont pas commencé par être cultivateurs.

Pour sentir tout le prix de la vie des champs, il faut voir foi dans les avantages qu'elle procure. Rien n'est plus propre à donner cette foi que de principes religieux qui, prémunissant de bonne heure contre les illusions d'une vie agitée, en donnant le goût des jouissances tranquilles, goût nécessaire au cultivateur qui doit aimer son exploitation par dessus tout. Il en est l'âme, et s'il la quittait pour chercher ailleurs des distractions, ses domestiques, ses ouvriers négligeraient l'ouvrage et perdraient leur temps.

D'autres qualités également nécessaires sont une justesse et une promptitude d'esprit, qui mettent le cultivateur à même de porter un jugement sain en toutes circonstances ; une habitude de raisonner qui le fasse toujours remonter aux causes ; un amour du travail qui lui présente l'oisiveté comme une source de maux et l repos comme une simple nécessité et non pas comme u: plaisir.

Il doit savoir bien surveiller et en même temps dominer les gens qu'il emploie, non-seulement par une certaine force de caractère, mais encore par une supériorité de connaissances pratiques qui le mette à même de prendre l'instrument des mains d'un ouvrier négligent ou malhabile, et de lui montrer comment il doit s'en servir.

A une grande douceur, à une extrême équité, le maître doit joindre asssez de fermeté pour résister en toutes circonstances aux prétentions mal fondées, que les domestiques aujourd'hui, surtout, ne sont que trop tentés d'élever, et qui n'ont plus de bornes dès qu'or a cédé une fois.

Enfin l'agriculteur étant sans cesse exposé à des accidents, à des pertes, il faut qu'il ait assez de sang-froid pour s'affecter seulement de celles qu'il aurait pu prévenir ou empêcher. Celui qui commence, principalement, doit s'attendre à plus d'un mécompte résultant de son inexpérience : car quelqu'étendue que soit son instruction, elle ne sera jamais complète, et il l'achèvera presque toujours à ses dépens.

Tu vois, mon ami, que sans parler des ressources pour l'exécution, il faut à un agriculteur plus de qualités et de talents qu'on ne suppose généralement. Es-tu sûr de les réunir un jour ?

ADOLPHE. — Mon papa, vous me connaissez mieux que je ne me connais moi-même. Je ne puis que vous répéter que vous me feriez grand plaisir en m'associant à vos occupations agricoles.

LE PÈRE. — Eh bien! je te prends à l'essai, pour te mettre à même de consulter tes goûts. Cela te convient-il?

ADOLPHE. — Merveilleusement, mon papa.

LE PÈRE. — Simon nous quitte au printemps prochain, comme c'est un homme qui nous est attaché et que j'aime, j'ai trouvé moyen de lui trouver une autre ferme dont le sol est certainement meilleur que celui-ci, de sorte qu'il partira sans trop de regret et sans se brouiller avec nous, comme c'est assez l'ordinaire. Je lui rachète son mard, c'est-à-dire le droit qu'il aurait eu de mettre des avoines ou d'autres grains de printemps dans la partie des terres où était sa dernière moisson de blé. Ainsi nous voilà dès ce moment maîtres de tout ce qui n'a pas été ensemencé dans ces derniers temps.

En attendant que nous ayons un attelage et un domestique habile à manier l'araire, Simon va sans retard donner un labour d'automne à la portion de terre qui sera l'année prochaine notre sole sarclée. Nous ferons ensuite pendant l'hiver nos dispositions de tous genres, pour être parfaitement en mesure de mettre nous-mêmes la main à l'œuvre à l'arrivée des beaux jours.

Tu prendras une large part dans tous les travaux de l'exploitation; tu éprouveras ainsi ta vocation: si elle s'éteint, étant très-jeune, il te sera facile l'année prochaine de suivre une autre carrière. Si au contraire cette vocation se fortifie, tu resteras près de nous pour me seconder, jusqu'au moment où forcé par l'âge, je te remettrai la direction absolue de notre petit établissement rural: alors, au lieu de le louer de nouveau, tu continueras a le faire valoir, et, si tu peux trouver une

8

femme qui partage tes goûts; je te promets une de ces existences aussi honorables et aussi heureuse qu'il peut s'en trouver dans ce bas monde.

ADOLPHE. — J'en accepte l'augure, mon papa! rien ne manquera de ma part pour réaliser ce présage de bonheur que l'amour paternel vous inspire, et je ne doute pas que bientôt vous ne vous applaudissiez d'avoir cèdé à mes veux.

Fait à la Tour-Audry, le 20 janvier 1839.

FIN.

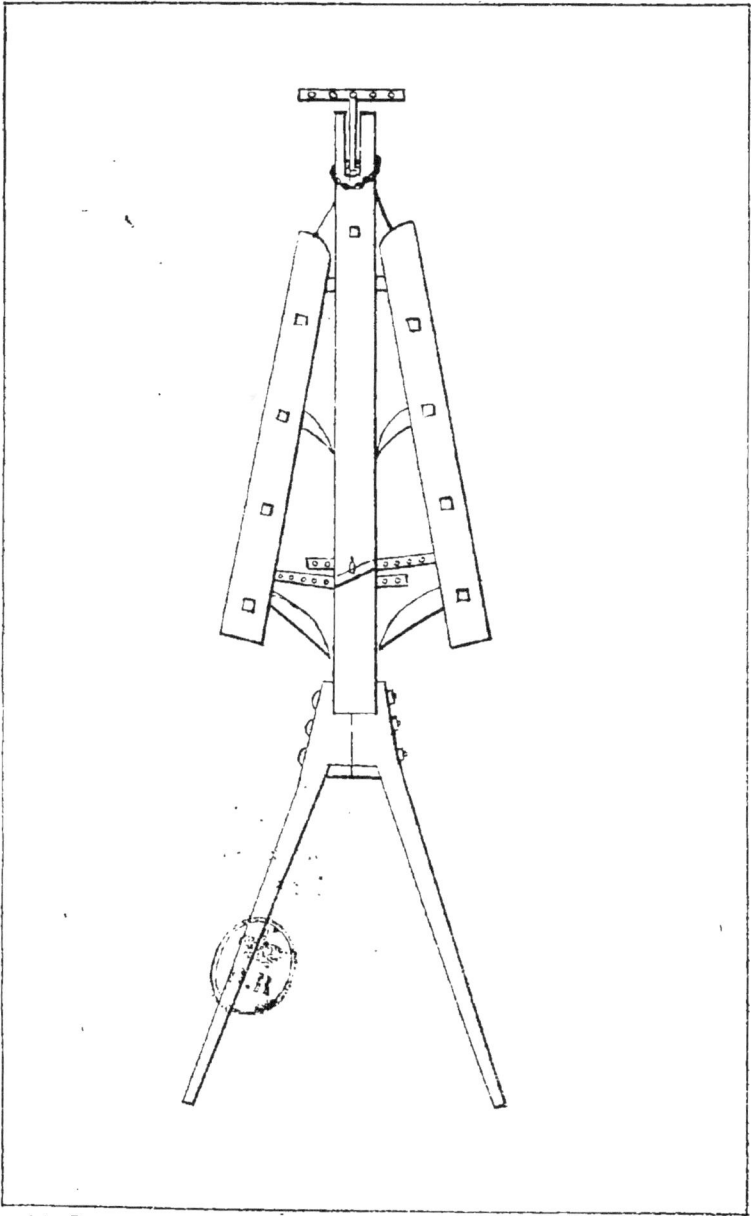

Lith. Renard Amiens

Pl. 1.

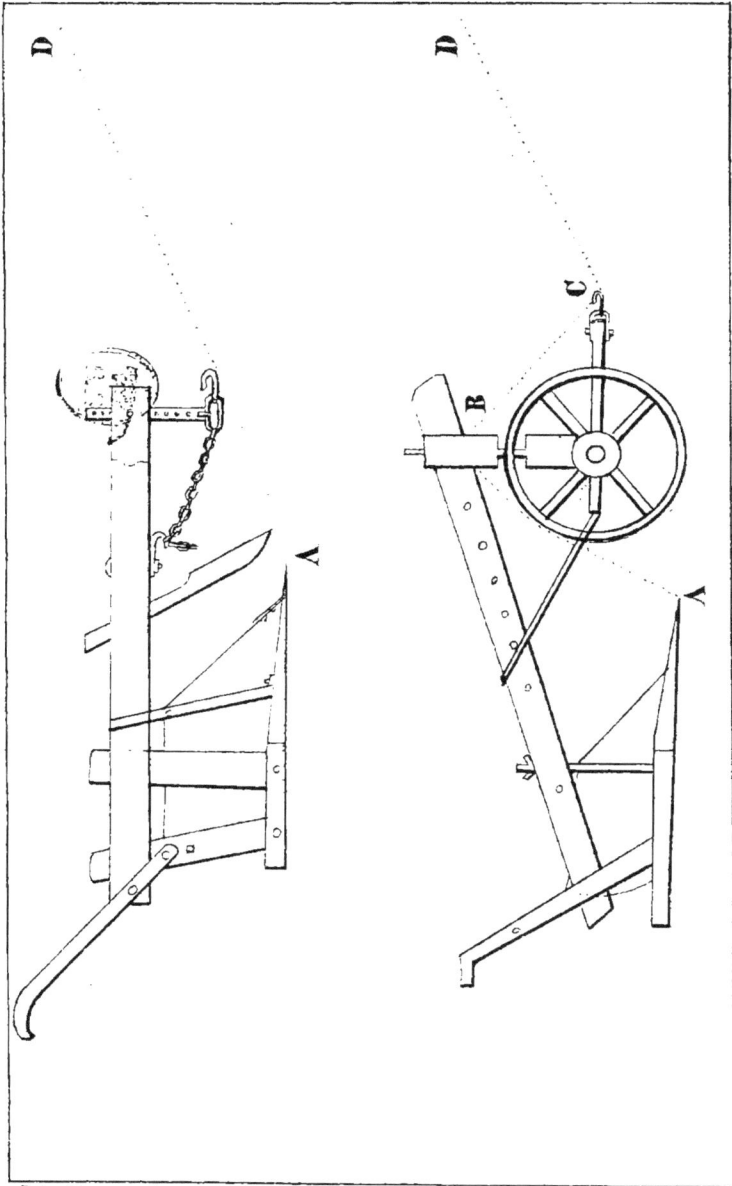

Pl. 2.

Lith. Flomant Anciaux Vouziers

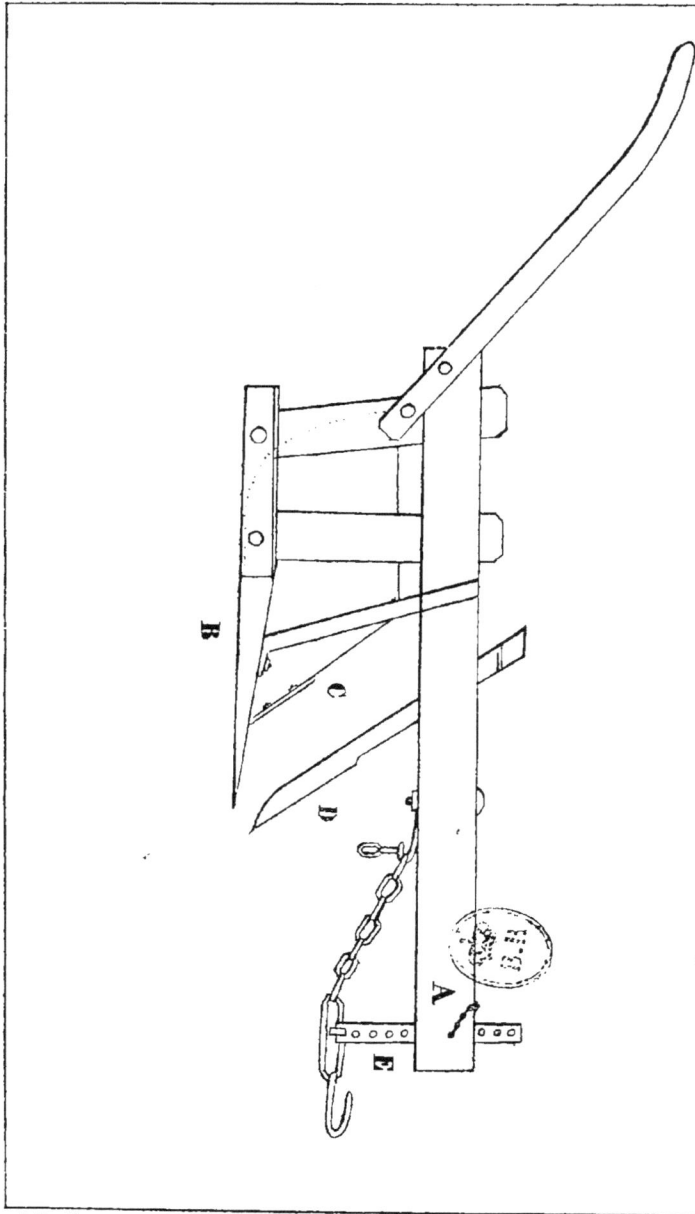

Pl. 3.

Lith. Flamant Ansienne

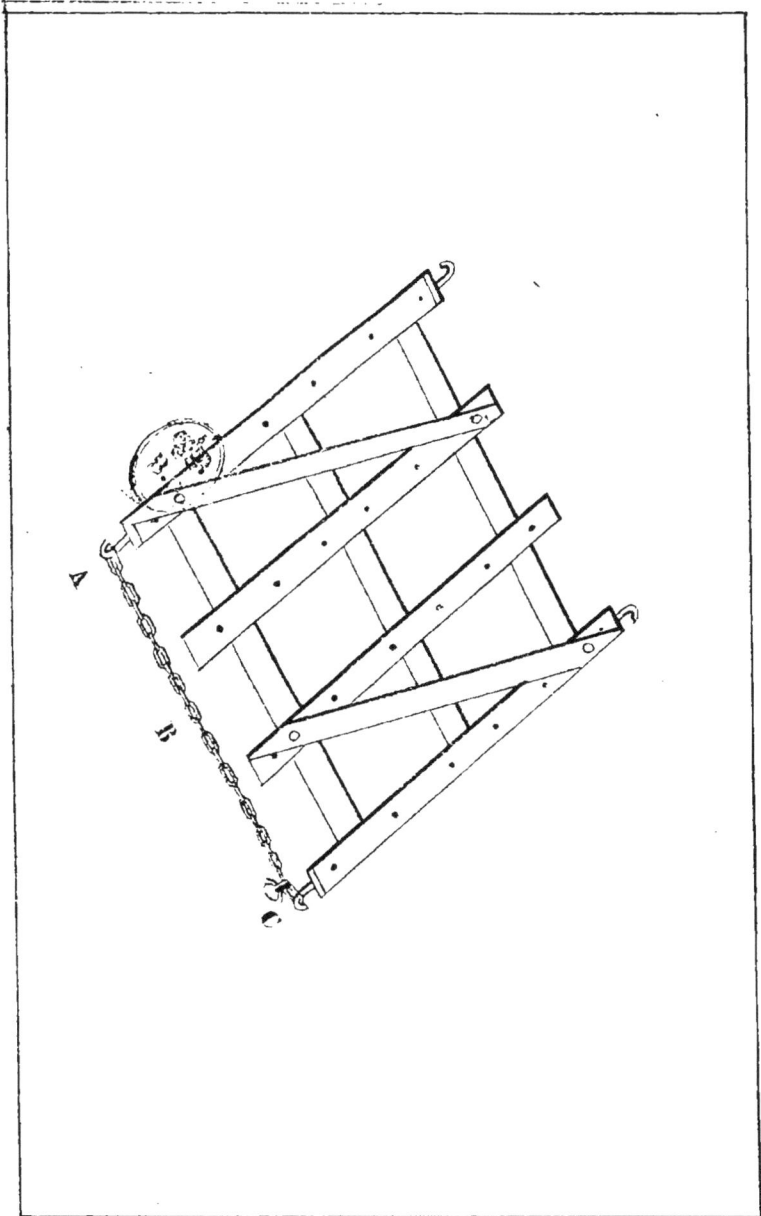

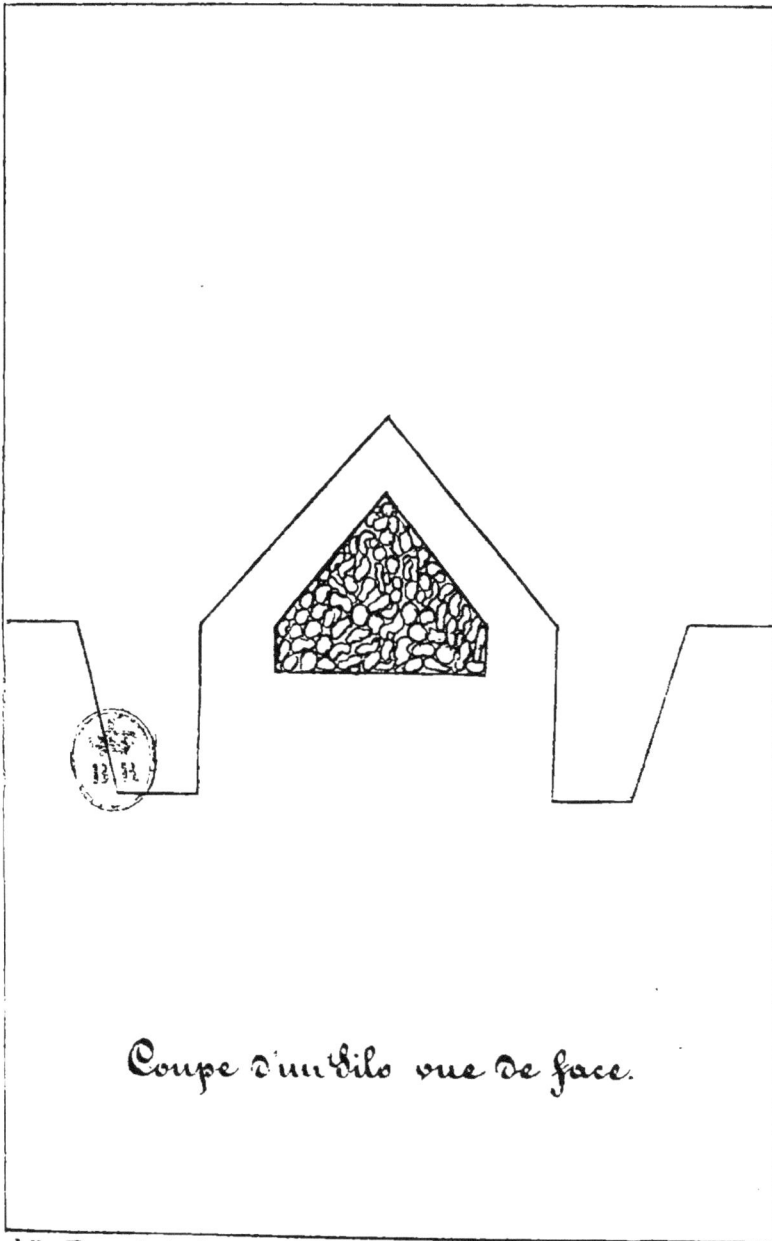

Coupe d'un silo vue de face.

Litho Flamant Anciaux

Pl. 5.

Meulons ou Moyettes.

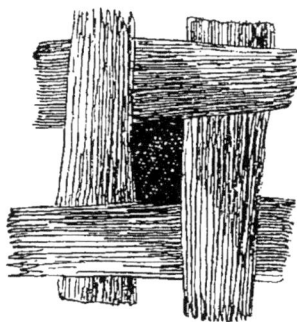

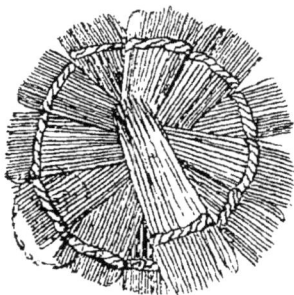

Pl. 6.

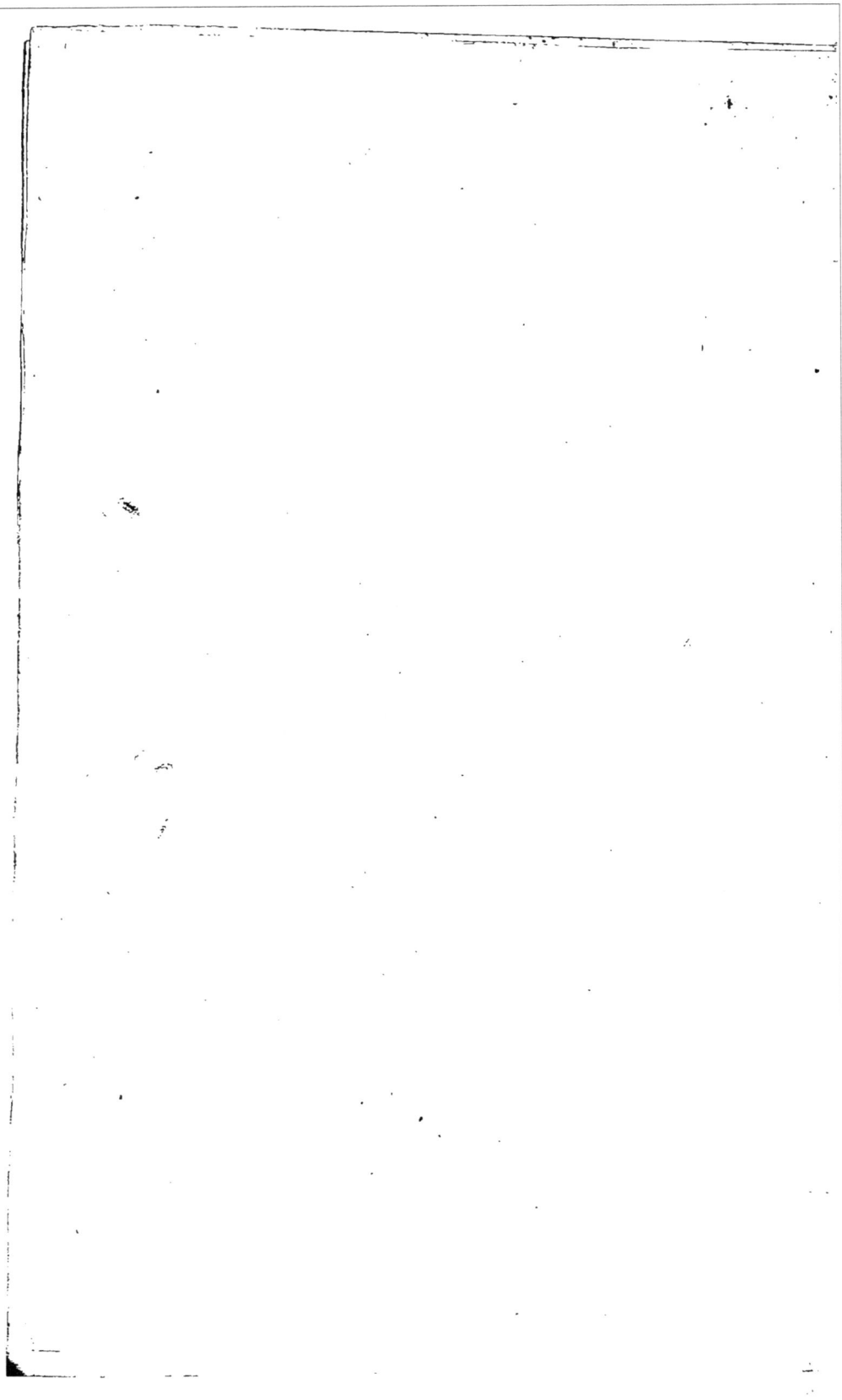

www.ingramcontent.com/pod-product-compliance
Lightning Source LLC
Chambersburg PA
CBHW060605210326
41519CB00014B/3574